你的生活环境，
决定你的性格

环境决定情商 习惯改变性格

［法］维吉尼·多得勒（Virginie Dodeler）

古斯塔夫-尼古拉斯·菲舍尔（Gustave-Nicolas Fischer）——————— 著

文晓荷 —————— 译

江苏凤凰文艺出版社

JIANGSU PHOENIX LITERATURE AND
ART PUBLISHING LTD

序
空间、色彩和我们

　　我们总是能听到人们说喜欢高情商的人，因为他们有一种可贵的品质，叫作"分寸感"。

　　"分寸感"是一种人人都听说过，却只有少数人才懂得的艺术。拥有分寸感的人，才更有机会体验到什么是被这个世界"温柔相待"。如果要究其背后原理，我想是因为有分寸感的人阻力少。

　　分寸感不仅仅存在于人际交往中，它也存在于我们与空间，与建筑的互动中。

　　在设计的世界里，对色彩、材料、线条等拥有分寸感的人能够游刃有余，势如破竹。

　　色彩是最直观的语言，不需要学习，我们的视觉天生地就不断地接受着

▲ 对于玄关这种局促且采光不佳的空间来说，色调越是轻盈越能减轻视觉上的压抑感。

色彩的信息，传达给大脑，紧接着翻译成一种心情，形成一片心境。

和谐，纯净，温馨，轻盈……北欧风颠覆性的色彩运用，带给装修家庭的是被翻译过的独特心境，它让原本喧嚣的装修市场一下子"安静"了下来。这样独特的色彩特征，在不知不觉中启发和改变了很多人的生活方式和态度。

对，这就是色彩的力量。

　　空间是个很有意思的东西，有时候它能被我们清晰地感知，有时候却又让我们忽略了它的存在。不管此时此刻你身在何处，不妨让我们闭上眼睛想象一番以下的两个场景：

　　现在的你站在广阔无垠的大草原上，脚下是碧绿的青草，头顶是悠悠的蓝天，还有远方那依稀可见的牛羊。

　　接下来场景切换，我们来到了一个昏暗狭小的角落里，忽明忽暗的灯光在绿色的墙壁上留下斑斑痕迹，也微微照亮了桌子上的那块蓝色的桌布。

▲ 一个并不宽敞的封闭空间却容纳了如此多亮眼的元素，虽然第一眼看上去让人惊叹，但时间久了很容易给我们带来压抑感。

现在请把眼睛睁开，回想一番刚才的两幅画面，当你身处第一个场景的时候有没有一种心旷神怡的感觉？而在另一个空间中感受到的是不是只有孤独与绝望？

对比上面的两个场景，大家有没有发现其实空间的大小，不同色彩的强弱都能直接影响到我们的内心。这个事实是如此明显，但在现实中却鲜有人关注。昏黄逼仄的食肆、恢宏壮丽的酒店大厅、五彩斑斓的儿童乐园……生活中的我们不停地穿梭于各式各样的空间之中，然后又回到一切开始的那个原点——我们的家。有多少人在装修的时候是全凭自己的喜好来选择配色方案？又有多少人在购买某件家具的时候会思考它的色彩是否会对自己造成影响？

在不知不觉中色彩与空间都在潜移默化地影响着我们的情绪，进而影响到我们的生活。如果此时此刻的你正在经历焦虑或抑郁，那么是时候环顾一下自己所处的空间了，也许它不是你情绪的本源，但确实正在影响着你的感受。

不论是图书馆、公车站这样的公共场所，还是一间小小的客房，每一抹色彩都是带着体贴和讲究来到这个空间的。合适的色彩就像一个有分寸感的谈话对象，让你我觉得被尊重，很享受，且有与空间持续交流的欲望。相反，如果走进一个色彩设计非常糟糕的环境中，我们可能连四处探索的好奇心也不会有，如坐针毡，只想赶紧离开。

现在的你已经知道了人们的情绪与所处的空间和色彩有关，我们就先从色彩讲起。

色彩总共可以分为三类：有彩色、无彩色和金属色。有彩色指的是红、橙、黄、绿、青、蓝、紫这些带有某一种色相的颜色，而黑、白、灰这三种无色相色彩则构成了无彩色，剩下的金属色包含了金、银这两种颜色。除了有彩色，后两组色彩也被统称为中性色，因为理论上它们能同任何的单一色彩搭配在一起，为我们呈现和谐的视觉效果。

在空间设计中根据空间的不同属性以及业主的不同需求，设计师们会在上面提到的三类色彩中分别选择其中的几种来进行搭配，比如快餐店中的橙色墙壁搭配原木色的木纹砖，抑或现代艺术博物馆中的大白墙与水泥地的组合。

为什么设计师们会选择这几种色彩？他们的选择依据又是什么呢？答案还是那个：不同的色彩会对我们的心理造成不同的影响。经过大量的实验证明，红色、橙色、黄色这些偏暖的色彩对我们的食欲有促进作用，所以自然而然地它们就出现在了餐馆之中。而在现代艺术博物馆中空间只是一个舞台并非主角，为了能让空间中的展品最大化地表达其创作初衷，以及让参观者能够不受任何外界情绪影响好好地参观展品，黑、白、灰这三种不带有任何情绪色彩的无彩色当然是最合适的选择。

设计师除了会依据空间的具体要求来确定空间的主色调，为了达到丰富视觉效果的目的，他们还会根据这个主色调来选择相应的色彩组成一个色彩组合。以我们大家熟知的"红黄蓝"三原色为例，如下图所示，其实科学意义上的红黄蓝指的是"品红－黄－青"这三种颜色，它们也被称为首级色彩或是三原色（Primary Colour）。然后这三种颜色两两混合又会得到"红－绿－蓝"这三种次级色彩（Secondary Colour），最后首级色彩和次级色彩两两混合又能到得到三级色彩（Tertiary Colour）。当我们将这些色彩在一道圆环上按部就位，就得到了一个色环，所有的色彩组合都来自于此。

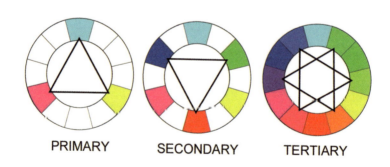

PRIMARY　　SECONDARY　　TERTIARY

接下来我们就来介绍几组生活中比较常见也是实际操作起来难度并不高的色彩法则。首先是互补色组合，它由色环上相距180°的两种色彩组成，比如红色－青色、黄色－蓝紫色、绿色－

品红这几组色彩。虽然每一组组合当中仅仅包含两种颜色，但在所有色彩组合中它却是对比效果最为突出，视觉效果最为强烈的一组。

接着我们再来看看另一组视觉效果更为平缓的组合——邻近色组合。与互补色组合挑选色环中另一头的"对头"不同，邻近色挑选的是某一色彩在色环上左右相邻的两种色彩，比如红－橙－黄这一组热情活泼的组合，以及青－蓝－蓝紫这一组更为清新沉静的组合。

通过上面的介绍，不知道大家有没有发现其中的奥妙：每一个能够引起我们情绪共鸣的空间都由一种或几种同色系的有彩色构成。只要明确目标人群的心理需求，再依此选择对应的色彩，我们就能打造一个预想中的空间。

前面已经提到任何有彩色都带有明确的情绪暗示，那么在家居这一类需要平和安静的空间中我们又该如何选择呢？热情似火的红色明显不适合，因为它会让我们的心绪难以平静，活泼跳跃的黄色也是一样的道理；那么清新的天蓝色呢？好像又缺乏了一丝沉稳，没办法给我们带来必要的安全感……

给自己的家选择配色是所有人都会遇到的难题，因为只有黑白灰的无彩色太过于单调无聊，没有人会愿意长期生活在这样的

▲ 在一组中性色的环绕下加入某种有彩色，那么它就会成为这个角落当之无愧的视觉焦点。

空间内。而与此同时金属色在空间中能起到的仅仅是装饰点缀的作用，把它当作主角显然是不合适。我们难道就没办法获得一个让自己的心情放松下来的空间了吗？

其实方法有的是，除了降低纯色的饱和度来减弱它们对我们的视觉冲击力，最简单的方法就是在有彩色当中选择一组与我们亲近的色彩，那就是大地色系（Earth tone）。大地色系主要由米色、卡其色、深咖色、棕色这一系列以土黄色为底色的色彩组成。在这其中我们能够轻而易举地发现泥土、木材这些大自然中最本真的色彩，身为大自然中一员的我们当然会对其产生额外的亲切感。

随着科技的进步和社会发展的加速，生活中的我们不得不承担巨大的工作压力以及信息爆炸带来的不堪重负，在这种情形下对于一个平和安静的空间的需求自然会日益增加。近几年悄然流行开来的日式风和北欧风正是符合了人们的这种需求，才会慢慢地打败欧式、美式这些风格成为年轻人装修的首选。

讲完色彩对我们的影响，接下来我们不妨把目光转移到我们所处的空间，看看是否能够找到一条准则来与它和谐共处。对我们大多数人来说空间主要分为两种：屋里和屋外。屋外是宇宙，是大自然，是一个近乎于无限的空间，所以对我们来说如何处理

▲ 越深的颜色越是能够给我们带来安全感，所以如果你是个缺乏安全感的人就不妨试试给自己设计一个深色调的卧室。

好"屋里"这个空间才是应该好好考量的问题。

不知道大家在生活中有没有看到过这样的画面：小小的客厅里摆放了一张造型臃肿的黑色皮沙发，抑或是一个宽敞的大客厅当中摆放着一张小巧玲珑的白色布沙发。前者带给我们"拥挤"的观感，而后者对我们来说太过于空旷。很显然这两个空间的设计都是不合理的，把白色布沙发挪到那个小客厅中去，把黑色皮沙发搬到大客厅中来才是正确的做法。

▲ 卧室这种并不宽敞的私密空间不宜有太强的视觉冲击力，大地色系的运用能够让人产生亲切感。

▲ 一个大地色系的空间能够带来其余色彩不具备的温暖的感觉，这也是家居配色中永恒的经典。

小空间适合放小东西，大空间适合摆大物件。这样子的论断虽然听上去没错，但总归不够严谨。所以在这里我们不妨学习一下"视觉体积"和"视觉容量"这两个概念，为了方便大家理解，我们就用一个杯子来打比方。

假设我们手中有一个容量为 200 毫升的杯子，那么理论上它最多能容纳 200 毫升的水。为了端着方便，水杯倒满 8 成就够，也就是说这个 200 毫升的杯子在倒入 160 毫升的水时才是最适合我们的情况。

现在我们用所处的空间来替代杯子，假设 100 平米的空间视觉容量为数值 100（注意不是实际的容量），同时 80% 是最适合我们的比例，那么这个空间的最大视觉容量为 100，而最佳视觉容量为 80。也就是说这个空间中的所有物件相加的视觉体积最大不能超过 100，以 80 为最佳。

以一个 20 平米客厅为例（它的视觉容量为数值 20），如果沙发的视觉体积为 5，茶几为 2，电视柜为 3，扶手椅为 2，地毯为 4，那么这个组合刚刚好就是 16。在这种所有家具的视觉体积总和已经达到了空间最佳视觉容量的情况下我们接下去在选择装饰品的时候就未免有些缩手缩脚。所以我们不妨重新选择一款视觉体积为 4 的沙发，和一张视觉体积为 3 的地毯，这样子就多出来 2 个数值的视觉容量用于后期的装饰。

▲ 儿童天生喜欢鲜艳浓烈的色彩，不过在打造儿童房的时候可得注意色彩不要用得太过了，这会对孩子们的睡眠造成很大的影响。

▲ 偏古典的家具往往饱和度较高（色彩浓烈），这意味着它的视觉反馈强度要高于其余的低饱和度色彩，这也是古典家具总是比现代家具要抓人眼球的原因之一。

诚然如何在实际中量化某个空间的具体视觉容量以及某个物件的精确视觉体积在目前看来还没有办法解决，但了解这几个概念至少能在我们装修的时候给我们自己一个参照的标准。

从色彩到空间，再到我们每一个个体，这其中的内在联动关系看上去非常复杂。所以有时候，我们常常会想：在这个斑斓的世界里，色彩到底在怎样"操控"着我们？我们又如何能习得使用色彩来改变自己和世界？

所以，很高兴有这样一本书，能让更多的人一起来解密色彩、空间和情绪。

发现新的生活，从不再视而不见空间和色彩的力量开始。

北欧君　缪音子

北欧家居设计师，合著有《越简单 越幸福》

2018 年 7 月

▲ 越是宽敞的空间需要越多的色彩和元素来提供视觉反馈，不过其中的度要把握起来却不容易，太多或太少都不可取。

目 录

contents

第六章
治愈环境

环境的心理考量

拓展阅读

✖

引　言

在环境中工作、居住和生活

✖

对于居住在住所和其他生活空间中的人类及其生活方式，我们能说些什么呢？这本著作便探讨了这个问题，该书同时提供了一整套数据以让人更好地理解我们不同的生活环境。空间使用者，建筑或设计方面的从业人员及研究者都可以用到这本书。这种启迪并不是纯理论的；它也涉及我们每个人的生活经验，这些经验是从我们生活或工作的不同环境的心理价值和重要性中得出的。

比如说，为什么一个地方会比另一个地方更让人觉得熟悉？为什么人们在政府部门或大酒店里容易找不着北？怎样更好地找到要去的地方？

在这本书中，我们关注了各种

各样的日常空间：私人空间、工作空间、娱乐空间等等。这些空间主要涉及的是那些在某种程度上建造和布置得像"机舱"一样的居所，而在西方社会，人们百分之九十的时间都是在这些"机舱"里面度过的（根据 1998 年 Evans & McCoy 的调查）。物质环境并不仅仅只有物质功能，它通过建筑、设计和对文化准则的调整，向社会传递了自身的价值。因此在我们生活空间之中发展出了这些不同环境间的互动和经验及行为之间的互动。这些既有模式将产生出一种生活质量形式，这种生活质量形式是通过一种较大的舒适感或安逸感而展现出来的。当今，我们对环境问题越来越敏感，这种敏感主要来源于对物质环境或自然环境恶化的忧虑以及对气候变化的忧虑。在本书中，注意力集中在我们生活的、有着不同布置的空间，而准确来说，这些空间引起了程度比较大的改变或紊乱。

这本书将让大众了解现在人们知之甚少的环境心理学这一学科，它将让人在所处空间中更好地生活。

心理学与环境有什么关系？当今，环境危机在人类社会占据了重要位置，这既是因为自然环境的恶化（气候变化、自然灾害……），也是因为我们生存条件的恶化。

数年以前，心理学已经开始关注我们生活的这一方面，但这是在一种特别的角度之下的关注：心理学不仅仅在对物质环境进行思考,也在对进行人类活动的内部空间环境(住宅、办公室、学校、医院,等等)进行着思考。在这种意义上,心理学在探讨这个问题的同时,也在研究空间的物质特点和社会－心理特点,而这种研究是从个体或团体与他们不同的生活工作地点的关系出发的。心理学因此发展出了对人类和社会环境的新理解,而这些环境在一定程度上塑造了我们的存在方式和行为方式,就像我们按照自己的需要和价值观对环境进行塑造一样。

保护环境已经势在必行,但是同时也需要对生活环境进行考虑,也就是说要考虑与人类空间布置有直接关系的心理问题和社会问题。这种意识在美国 20 世纪 60 年代的一些研究中得到了体现,这些研究主要探讨由各种空间所引起的心理问题的重要性和改善环境与人类行为关系的方法。所有的这些研究都在心理学一项新的分支中得以汇集和正式化,这项新分支就是我们如今所知的环境心理学。这是一个在心理学中完全特殊和新颖的科学领域,因为它提出了一种对人类和社会环境的新理解。事实上,对于我们生活空间的心理学研究方法,环境从来不是一种完全物质和外部化的事实;它的治理和建筑影响并引导着我们的所作所为。我们不能再将一个地点的社会层面与其物质特点相分离。是空间形成了社会和人类环境。因此总有一个社会阶层关系上构建的空间,而不仅仅是一个物质化和功能化的空间。

这种启示让人可以更好地理解本书各种生活空间介绍中心理层面的重要性。书中每一个事例都凸显了一种具有心理特征的表达元素或表达方式，这种元素或方式是通过感知的作用和价值、使用和占据空间的个人及社会方式体现的。关于这门学科的最后一个元素需要强调一下：环境心理学是一门应用科学，它通过在既定环境中表达出的习俗、关系和行为，去理解在该环境中人们是如何生活、居住和工作的，并去提出一些改善环境质量、生活质量的方案。

这种观察凸显了每个人日常经历的一个方面，要知道我们与所处空间是建立了多种多样的互动的。

环境心理学的发展是通过一定数量的研究实现的，这些研究寻求理解各种空间（住房、办公室、医院……）对健康居住者或患病居住者的影响。心理影响的问题也占据着中心位置，因为它可以指出我们所处环境对我们施加影响的各种方式。

借由一些调查案例来说明，一位美国研究者（Wohlwill）分辨出至少三种环境心理对行为举止的影响类型。

首先，我们所处的空间限制了我们行为的各个方面：与生活在80平方米房屋的夫妻相比，生活在巴黎35平方米两居室的夫妻对于室内装饰和安排的可能性肯定会小很多。一个既定的空间蕴藏着多种约束和可能性。

其次，一个我们生活了一定时间的居所会使人产生一些行为方式，这些行为方式而后会形成一些所谓的行为准则，这些行为准则会成为在既定空间中个人的生活特点。另一些研究者（Heimstra and McFarling）指出在某个特殊环境下，尤其是极端环境下（监狱）的长时间互动会让人产生一些暴力行为。

另外一种影响是环境可以发展出一些适应形式和创新性形式，也可以产生一些消极和不赞同行为。这些不同的影响在一些工程布置中，尤其是在住宅设计中逐渐得到考虑，比如说要合理选择家具或者颜色。因此，一些研究指出颜色可能会影响人们对所处空间和谐感和舒适感的感知。

关于西方社会居所建筑上改变的研究显示，法国在17世纪之前，房屋并没有分隔的房间。阿里斯（Ariès）描述了这方面的转变："人们在同样一个房间里吃饭、睡觉、跳舞、工作或会客。这种社会关系的密集性让孤独感不可能存在，而那些有时喜欢躲在房屋一角清静的人会被认为是些怪人。"随着现代化的进行，人们开始分割出不同功用的房间。随着浴室的出现，私人空间得到重视，私密性这一功能得到发展。一项关于现代房屋房间使用的研究指出浴室曾是房屋里唯一可以独处而不受打扰的房间（Prescott）。

关于不同类型环境布置对行为影响的无数研究均揭示出了空间和行为之间的积极互动。因此设计出有利于互动的环境是可能的。但是另一些研究表明建筑师和设计师并没有遵循那些使用空间和生活于其中人们的相同愿景。

索穆尔（Sommer）曾讲过这样一个故事。一位餐馆老板曾向设计师要求设计出一种让使用者感觉不太舒服的椅子。他其实是注意到临近餐馆工作的职员常常在这里吃饭而且一待就是很久。如果有了这种新设计的椅子，人们就会想更快离开，新来的顾客也就有了座位。

关于空间与行为互动的研究指出了布置环境中心理因素的重要性。环境设计是否考虑心理因素将深远影响人们的行为。

第一章
生物的领地权

动物如何在一块领地里生活？

为了理解人类的环境，我们首先得对动物的环境感兴趣。从 19 世纪开始，关于动物行为的研究便开始发展起来，这些研究汇集在了一门称为动物生态学的学科下。通过观察动物怎样占领环境、拥有环境、标记环境和捍卫环境，研究者们回答了动物环境是什么这一问题并强调了领地对动物的重要性。我们能从这些研究中学到些什么呢？

当我们观察大自然中虫鸟走兽的行为时，我们首先会想到它们尽情拥有着广阔的自然。实际上，领地对动物行为的影响举足轻重。这种影响主要作用于动物的领地行为，也就是动物占领和捍卫一片有限的物质资源空间的行为，这对它们的生存至关重要。当空间是动物在其环境中演变的生物支撑的时候，领地行为中便体现了一种倾向，一种领地行为与空间关系至关重要的倾向。这就已经解释了为什么动物与它们的领地有着如此鲜明的关系，因为领地是一片蕴藏着它们生存资源的地方，这一点在之后我们还将指出。

领地的意义于是非常清晰了：它是一片被动物捍卫而使其获取专属资源的重要空间。领地通常有很多种，在大多数情况下，这些不同的领地只保证以下功能：繁殖性领地通常被雄性动物守护以吸引尽可能多的雌性，食物领地，睡觉及休憩领地，同时也是交配的场所。因此，领地（territories）与生存领域（domaine vital）是不同的，生存领域不用被守卫得如此严密，范围也更大，在生存领域中，动物也经常进行狩猎等其他活动。

动物领地因此是被占领的对象，它有着多种多样的用途。动物们布置着，建造着，改变着它们的领地，这些行为表明领地是一个网状结构，是一门动物表达其与所处环境关系的真正的语言。

人们观察到大量鸟类和哺乳类动物，通过建造栖所或仅仅是在它们所控制地带的中心来回巡视以治理一片领地。

德国生物学家雅各布·冯·乌也斯库尔（Jakob Von Uexküll）指出了鼹鼠是如何在地下建造像蜘蛛网一样的走廊和沟渠系统的。

他通过观察发现，即使是在囚禁状态下，鼹鼠还是会建造起像蜘蛛网一样密集的走廊。这些走廊构成了一张对于它来说四通八达的领地网络。这些走廊也成为它的狩猎场，任何在此迷路的动物都会成为其猎物。在这个网状结构的中心，鼹鼠精心布置了一片空间：圆圆的一块土地上铺上了厚实的干树叶，乌也斯库尔将其称为鼹鼠的住所，也就是鼹鼠的避难所，一块休息的空间。另外，一旦它的居所被摧毁，鼹鼠可以建一个跟之前一模一样的新领地。鼹鼠的空间是一片活跃的空间，它在其间不停活动着，并对其守护。

对于许多动物来说，环境代表着一片生命空间，是生存的必要基础，因此它们的行为和所处领地的关系十分紧密。

你是在疑问为什么我在转圈吗？

为什么遛狗时狗会沿着路灯撒尿？

　　作为各种活动的场所，万千目光关注着动物使用和占领的环境：它是一片被动物守护以使其不受任何威胁和外来入侵的生存空间。一个熟悉的例子就是狗标记它们领地的方式。人们观察到狗有在一个老地方撒尿的习惯。另外，当一只狗遇到另一只狗时，它的第一反应就是在那一刻往它脚底的东西上撒泡尿。同样，当狗进入了另一只狗的领地，它清查着每一处之前被撒过尿的地方，又在这些地方重复撒上尿。为什么？

　　这里其实涉及一种由嗅觉标记的领地控制。这种领地标记在很多动物身上都有显现。它有很多种表现形式：羚羊会用皮肤腺分泌物标记领地，身材高大的北美熊会用身体蹭松树。对于其他熊来说，这是一个重要的信号，因为这个记号，其他熊会绕开这棵松树，并避开这片已经有所属的领地。

　　这种标记显然不是微不足道的。它是土地拥有者的一张名片。所以说，这是一种领地保护和远程监控系统。它是一种共存设置，让动物在一个地方和平共处不互相攻击，避免了争斗：标记其实有一种让敌人逃跑的威慑作用。因此，如果拿雄性动物的行为来举例，它们是不会主动进入同类的领地的。如果这种事情发生了，那就糟了。

春天之际，一条雄性刺鱼在自己的地盘上遇到另一条雄性刺鱼，它肯定会立刻发起攻击。但如果是在其领地外，这条刺鱼遇到了另一条刺鱼，它却会落荒而逃。对于鸟类来说，它们的啼啭起到了标记和保卫领地的功能。因此当一只知更鸟在其领地上鸣叫，这其实是它赶走潜在入侵者的恫吓。当一只知更鸟发现其领地上有另一只知更鸟，它这时的叫声其实是一种对入侵者的攻击警告。

在多种表达形式下，领地标记是一种信息系统。这种信息系统让动物表明自己的存在并让其他动物打消任何进入它们领地的念头。整体上，领地标记保证了社会和平，要是没了它，打斗是不可避免的了。

为什么我们不能靠近小鹿？

动物们发展了自己的共处规则。它们占领和离开领地的方式让人了解到了社会距离和人际距离的重要性及其功能。这具体是什么意思呢？

赫迪杰（Hediger）在被囚禁的野生动物的领地行为上所做的工作成为关于该主题最清晰的诠释。他发现动物有一些机制，它们会在同一片领地上保持间距以对密度进行控制。

赫迪杰主要观察到了两种在绝大多数动物上应验的距离形式：逃跑距离（distance de fuite）和临界距离（distance critique）。

在动物的行为中，人观察到它们是很难被接近的。更不必说野生动物了，当人们试图接近它们时，它们总是会保持着一种特定距离。这就是我们所称的逃跑距离。这是一种动物生存的基本机制。赫迪杰观察了这种尤其在被囚禁动物中作用的重要间距。

在动物园里，如果为一个既定动物布置领地时没有充分考虑这种逃跑距离，将会导致该动物的领地行为、生存适应性及生存机制发生巨大紊乱。如果不能为动物保持足够的逃跑距离，动物会感到一种惊恐与压力，这种惊恐与压力会扰乱其迁徙、睡眠、饮食、繁殖等各种身体机能。

在人面前，动物园的狮子可能会借助于另一种称为临界距离的距离类型。如果有人靠近它，狮子的第一反应就是逃跑，但是如果它被障碍物绊倒，无处可逃，而人又继续靠近它，狮子此时就处在了一个临界地带，而这种距离就是临界距离。这是一种行为转变的信号，尤其是一种对擅入领地者的攻击信号。

赫迪杰在此方面研究了狮子面对马戏团驯兽师的行为。他细致地验证了这种临界距离的重要性。驯兽师可以利用这种临界距离，比如说足够靠近临界地带，让狮子坐上一个板凳。为了防止狮子从凳子上跳下来，驯兽师得迅速离开临界地带。赫迪杰注意到不同动物有不同的临界距离，而这些临界距离可以被准确地测量出来。

除了临界距离外，在群居动物中还存在着另一种距离，即社会距离。在这个层面上，动物生态学家发现在动物群体内，社会距离首先并直接与其社会组织相联系。他们观察到了领地控制和距离间的直接联系：在大多数情况下，雄性主导者有更多属于它们的空间，因此可以建立起与被控制者间最大的距离。

相同物种和不同物种动物间的距离都曾被研究。这些距离造成了一些具有高度准则的领地行为，这些领地行为具有双重作用，一方面是生物性的（保证各自的生存），另一方面是社会性的（维持在相同领地上的主导关系）。

别踏入我的地盘

通过对领地进行标记和掌控，动物占据了这片领地，并将这片领地视为一种防卫系统。

在与一只关在笼子里的狒狒相处的经历中，法迪（Fady）教授常让狒狒借助骰子去解决一些问题。年轻的狒狒很快就学会了这一方式。

但有一天，人们在笼子里关进了另一只狒狒。它们马上开始激烈地打斗，监管员不得不将它们分开。法迪解释说，这种反应是因为狒狒把笼子当成了一块封闭的领地，一种领地主导权的载体。这种空间的封闭性加剧了狒狒面对入侵者的领地防卫性，何况笼子里无处可逃。

第二天，法迪做了另一项实验：将两只狒狒分别放入相邻的笼子中，之间隔着铁丝网。像第一次实验一样，他教会了两只狒狒用骰子解决问题。但他观察到，那些在第一次实验中表现出色的狒狒在第二次实验中屡遭挫折。

研究者于是改变了笼子的特点：在笼子中加了一个窗帘，拉上窗帘会使两个狒狒无法看到对方。面对相同问题，之前失败的狒狒这次重新表现良好了。于是研究者得出结论：领地防御不仅仅与领地主导与控制有关，还对领地行为和适应机制有影响。只要人拉开窗帘，狒狒的表现就又变差了。

因此，守卫领地不仅仅是让自己免受攻击之扰，也是为了保证一种发展适应性行为的安全机能。

在领地上是否自我防御意味着这片领地是否包含一些让这种防御可能的物质特点。人们同样观察到领地防御的缺失会对动物在其他方面的适应性能力造成影响。

一个空间里的动物是平等的吗？

诸多关于动物在一片领地的分散方式的研究都显示了领地主导权的重要性和作用。领地主导权阐明了领地的一项重要功能，即通过主导－服从系统调节关系的功能。要么是为了使一个动物不涉险卷入一场争斗而不踏入一块土地，要么是因为它已身处在一种主导－服从的惯例行为中，一种与上级或下级的关系之中，而不愿意进入真正的争斗；要么是为了调节资源准入。

在动物之中，领地行为有一种适应性机能，这种机能不仅仅是维持社会秩序的方式（这种社会秩序让人可以观察到空间秩序和社会地位中存在互联），也是一种调节，有时具有进攻性互动的方式，以创建一种保证动物和平获取食物和生命资源的可能的社会秩序。

领地主导权的表达方式极端多样，并在多种情形下被加以研究。

比如，动物之间的打斗和其打斗使用的策略凸显了一块领地上主导－服从互动的多种类型（Huntingford, 1984）。

根据以下的标准，我们可以得出三种类型的互动：

·获取资源的潜力：越是能守卫资源的动物获得的越多；

·资源价值：越是在资源中投入的动物越是可能投入到一场争斗当中；

·入侵者的退却：当两只动物在争夺一片相同领地中势均力敌时，原本占据该领地的动物更有可能获胜，因为这片领地对它来说价值更大。

鼩鼱是一种非常具有领地意识的动物，通过对它们的观察，人们发现当有同类试图进入其领地时，鼩鼱会变得非常具有攻击性。

理论上，每一只拥有一片领地的动物都是这片领地的真正占据者，但如果两只动物为同一片领地上的食物而战，人们观察发现，谁更需要这些食物，也就是说这些食物对谁更重要，谁就更有机会取胜。

一般情况下，不同的互动会产生决定主导－服从系统的行为准则，进而建立起获取资源的规则。

为了研究领地主导权，科学家通常使用并矢式方法，也就是观察隔离开的两只动物的相互作用。但是最新的研究表明这种方法不能解释领地主导权的出现。

关于狗和狼的领地主导权的研究曾带来一些其他启示。对狗来说，狗群有一种基于群体中个人主导－服从特点和级别的社会组织，有的狗是头领，有的狗是老二，等等。但是最新研究发现之前的研究存在错误，狗群的主导者实际上是那些小狗的父母。

一些研究者（Cafazzo, Valsecchi, Bonanni）观察了在郊区自由生活的100多只狗。研究结果表明领地主导权最好的标志是服从行为。事实上，他们发现小狗一般都听老狗的话。这项信息是与之前的想法相悖的，人们以前觉得狗会用进攻的行为来控制其他的狗，但现在研究却指出领地主导权掌握在家长手上。

在相同领域，研究狼的国际专家大卫·麦奇（David Mech）经过13年的野外观察发现狼在成为父母后取得了领地主导权。

但当人们观察家畜时，比如说宠物狗，与野外的狗和狼比，它们身上的领地主导权以一种完全不同的方式呈现。关于这方面的研究并不多，大多数研究方法在科学上还行不通。

在一项关于家狗行为的研究中，研究者塞米诺娃（Semyonova）得出了这样的结论，其实没有所谓的主导权一说，狗把它的主人看成了它的父母。另外她观察到每一只狗会分别与其他狗建立起联系。当一只狗刚刚来到一个地方，每一只狗都会与这只新来的狗建立自己的关系。

最终，她得出了狗行为的三项原则。首先，狗寻求建立一个没有攻击性的空间。其次，狗建立起一种共同语言或交互信号系统以维持社会秩序。最后，当一只狗识别出另一只狗的信号时，它会为了保证两者之间的稳定性寻求和解。无论怎样，狗希望在栖居之所寻求稳定。

领地主导权与人们之前关于狗或者狼的各种社会认知相比是不同的，这是一个更为复杂的过程。这种主导权是同一片领地群体成员间的互动系统，这些互动本身是一个物种在一片特定领地上的特殊社会组织的表达。

为何闯入者会被看作攻击者？

每个人都会有守卫自己领地的自然反应。对于动物来说是怎么样的呢？首先，它们为什么会守卫自己的领地，在什么情况下它们会有进攻性的行为呢？

在这里，领地的概念不仅仅是一片被占据的空间，也是一片为得到资源专属权而被守卫的空间。在这种视角下，领地同样是动物的生命空间，动物布置着这片领地以进行活动并将其守卫。防卫个人领地意味着对占据区域的控制，这尤其是由进攻性行为所表现的。关于这一问题的研究工作已经持续了数年。

在这方面最有名的研究者是洛伦兹（Lorenz）。在为其赢得世界声誉的作品《进攻，恶的自然史》中，他介绍了动物进攻性行为的特点，并指出进攻性与其对领地的眷恋间存在一种特殊关系：如果动物对该空间越熟悉，这只动物越具有攻击性。

洛伦兹所偏爱的动物是灰鹅。他特别凸显了灰鹅的印随现象，这一行为驱使这一小动物在其出生后对其遇到的第一个生物产生依恋感，总是寻找该生物的存在并一直跟着它。他对该印随现象的研究催生出了许多领域中无数关于依恋概念的研究。关于动物的进攻行为，这是一种因为特定刺激（视觉、触觉、嗅觉）而引发的本能行为。但无论如何，这是一种关于生命空间防御系统的领地行为。

现在关于这个问题的研究众多，这里只举一个例子借以阐释。

最近有一项关于生活在半自然环境的老鼠的研究（Koolhaas），它的目的是为了更好地理解领地防御的特点同时测定占领者和闯入者间的行为类型。实验的器具是一个空间足够大的笼子，实验开始前的一周，笼子里放了一只雄鼠和一只雌鼠，这一周时间是为了方便领地权的发展。另外，在这第一周内，笼子内的猫砂没有被清洗，因为领地权与嗅觉标记是密切相关的。

在实验开始前一个小时，研究者将笼子的雌鼠取出，将一只与领地占据者没有过任何关系的雄鼠放进了笼子。

于是发生了什么事？

首先我们观察到了不同测试中的结果差异巨大：一部分占领者的行为非常具有攻击性，另一些占领者的行为不具备攻击性甚至没有攻击性。相反的是，一半的闯入者没有进攻性行为，而另一半只是稍稍有攻击性行为罢了。

另外，如果我们考虑行为不同类型的分布，我们发现39%的原驻鼠具有攻击行为，65%的闯入鼠具有攻击性。

研究者在此项研究中得出原驻鼠和闯入鼠的一种范例。这种范例阐释了领地防卫。阐释是从两方面出发的，一方面是从原驻鼠的攻击行为角度，一方面是从闯入鼠的攻击行为角度。研究尤其指出：攻击性行为越强，领地守卫越有效，越容易被闯入者感知。换句话说，面对原驻者，闯入者防御性行为越强，原驻者越可能还是领地的主人。

因此领地防御像是一种以可信的方式防止一切领地入侵

的威慑战略。入侵是一种显示动物领地权程序的特殊行为。我们首先发现这是一种会在所有情况下引发攻击行为的互动：这些攻击行为对于占领者来说是防御体系，对于入侵者是一种进犯行为。重要的是让这一片肉眼看不到边界的领地有着清晰的界限和属地权。

动物的居住危机

占据一片领地作为住所、庇护所，对于动物来说是生命和生存的必要支撑。每一片领地会随之产生一个种族，一个相应密度的占有率。如果我们改变这种密度，比如说让数量翻倍，会发生什么事呢？

这些实验中最具有启发性的是美国动物生态学家约翰·加农（John Calhoun）做的实验。在第一阶段，即长达两年半的时间里，加农在自然环境中观察了放置于一公顷围场里的白色家鼠。他观察发现，尽管老鼠食物充足，不受捕食者的侵扰，这片土地上的老鼠数量从未超过 200 只，并稳定在 150 只。他于是设想出一种实验框架以知晓在相同土地上老鼠数量的增长或是翻倍会给领地行为造成什么样的影响。

他构建出三片土地，每一片又被划分为 4 个区域。每一个区域代表一处居所，被称为居住单元，每一个居住单元包括一个食槽，一个水槽，一个建巢处和一处放有建巢材料的地点。每一片土地可以容纳 40 到 48 只老鼠。但是加农将老鼠数量翻倍，在每片土地上放了 80 只老鼠。于是发生什么了呢？

加农观察到老鼠的领地行为发生了一系列的错乱：筑巢关系发生紊乱，性行为脱离常规，社会组织混乱颠覆，他将这些错乱称为行为垃圾场。加农认为数量过密直接造成了这种影响，数量过密的意思也就是说人们在这片领地上放置了数量过多的动物。

关于领地权，加农建立起了一片挪威鼠占据和守卫的共同领地，领地中阶级分明，并由一只雄鼠主导。领地根据社会地位分配，社会等级的高低决定某些领地区域的进入权：社会等级越高，领地面积越大。在数量过密的情况下，社会组织发生了巨大的不稳定，这种不稳定表现在雄性主导者不能维持其在领地的社会等级，雄性之间互相攻击，主导权由一只雄鼠转移到另一只雄鼠身上。

数量过密同样引起了领地规则的违反。一些等级低的雄鼠开始心神不宁，出奇兴奋，成群结队地移动以探索原则上属于雄性主导者的领地。

在性行为方面，加农同样发现了与数量过密直接相关的脱轨后果。在雄鼠间，发生了诸多形式的混乱行为，加农以以下方式进行了分类：

行为正常的雄性主导者。

避免性行为的雄性被主导者。

成天追逐异性、兴奋异常的雄性。加农观察到这些雄性不再遵循交配的惯例舞蹈：它们直接跳到雌性身上，保持对雌性的控制长达几分钟而不是平常的几秒钟。

"越野"雄性：雌雄都上。

加农实验最大的价值之一就是揭示了与数量过密直接相关的后果，即对关键社会构成的摧毁。即使我们不能把这种结果直接应用于人口过剩的情况，我们仍禁不住想到在无数集体宿舍中，人口居住过密，这些人生活得如同老鼠一样。我们会疑问，一些行为和关系的失常是否部分与居住危机有关。

动物占据领地的不同方式和不同领地行为的表达提供了不同种类动物中领地重要性和作用的珍贵信息。

但是在我们的研究方法中，这些数据还有另外一种价值，因为来源于动物领地和行为研究的诸多概念应用在了环境心理学研究架构下对人类领地的理解上。我们发现在这种领域，领地有了另外一种价值和意义。

×

第二章
人的生活环境

×

人是普通的动物吗？

在日常生活中，在房子内外，在工作地点、娱乐地点，我们使用空间，占据空间，布置空间。我们的房屋、居所是我们典型的生活空间。和其他空间一起，这些空间构成了我们生活的领地。如果说在动物心理学引入领地的概念以理解动物行为的模式，那么这种概念在环境心理学中得以重新应用，但是我们应该给予其全新的内容和另一种含义。在任何情况下，我们都不能将动物行为相关的领地特点直接应用于人类的状况。

因此，与动物有所不同，人类使用领地的方式更加多样、复杂。总体上说，人类领地与一种社会化地点相对应，这种社会特点的物质属性与其社会特点是密切相连的。

在这种视角下，根据领地使用模式，研究者区别了领地的不同层次和类型，比如对既定地点的占有形式和控制形式。研究者区分了三种领地类型：

原始领地。原始领地是指个人或群体以永久方式占据的一片土地，一些个体或群体将这片土地视为他们所属：住所就是一个很好的例子。这些空间通常是强势拥有和专属控制的对象。任何对这些空间的侵犯都被认为是一种攻击行为。入室盗窃就是一个例子。

次要领地。次要领地是指个体或群体暂时占据的一种社会地点类型，这些个体和群体对此进行控制，但是其他人还是有可能进入，就像那些被强盗占据的地带。这些领地同样包括不同的机构地点，在那些地方人们可以集会、交流，如酒店的接待处、餐馆，这些地方人们可以根据既定的社会规则在一定时间内进入其中。

公共领地。这是一些开放空间，进出自由，如公园、海滩等等。这些空间被占据也是暂时的，且要服从于一些规则。

这种分类之所以重要是因为它指出了一个事实，人类在场所中所进行的活动类型和人与人之间的关系形式密切相关。

人类框架下的领地包括了一种空间心理及社会语言，这种语言不仅仅是实用性的，还传达出不同场所中特殊行为的标准及价值。

这种从领地思维出发研究人类生活和活动的方法让人理解一些社会行为和社会现象有了一种物质根基，这种物质根基使环境心理学成为一门与其他心理学门类相比没有那么抽象的学科。

我们如何标记自己的领地？

对一片领地中人类行为的观察显示出人类行为的两个特点：标记特点和占有特点。动物标记其空间是一种生物行为，而人类对空间的标记是心理、社会和文化的三重原因所导致的。确实是这样，就像我们看到的那样，动物倾向于在其领地上留下体液，如狗在路灯边撒尿。但人类使用其他方法以标记其领地。

在公共领地上，在休息室里，在火车上，我们都有在位子上放一件个人物品（衣服、书籍等）来占座的经历。在这种情形下，这种标记是告知其他人这片空间有主了，是禁止其他人占有的信号。

一些研究工作指出有多种标记存在，在这其中，有一种叫个人标记，即对个人的直接所属权的标记，这种直接所属权是最有效的，因为它有一种最高的威慑力以防止入侵。

菲利普和索穆尔（Felipe, Sommer, 1996）在有很多学生的阶梯教室做了一项实验，在课间休息时，椅子上放了很多种标记：时开时合的报纸、书籍、笔记本、大衣等。学生的反应显示出个人标记对于一开始没来上课，课间休息后新来的学生最有"威慑力"。

这些标记不仅仅是简单地告诉人们这片领地有主了，还表示了对一片领地的强烈眷恋，这种眷恋有着互动表达模式的心理含义和社会含义。

这些标记让人能更好地理解人类领地社会心理的重要性和角色的多面化。

我们如何占领自己的空间？

对于我们生活和工作的空间，我们有什么具体的关系和行为呢？一个最熟悉的表达却常常被我们忽视，环境心理学和建筑心理学研究者将这个表达方式称为占有（appropriation）。工作或家庭特殊地点的个人使用或占用的心理模式是多种多样的。

这些使用形式反映了一种或一些机能控制或心理控制。它们是指我们与一个空间的关系中进行的基本程序：我们很自然地让自己进入一处地点并将其个人化。占有是一种行为风格和空间关系风格，这种风格有多种表现形式，时而是一些按照个人喜好将空间改造或布置的具体介入，时而是通过个人占据一地的方式对自己身份的确认。

在知晓对既定地点的身体和心理控制的情况下，日常中在所有地点我们所能观察到的人具体行为的多样性指出了这种现象的一个根本特点。比如说人们可以在等候室和火车上在自己四周放些个人物品。这种类型的标记行为成为对其他人的一种信息，这种占有形式传达出一种心理控制，一种宁静的需要。这种空间占据形式揭示出了一些个人变量，每个人都以自己的方式在某种程度上标记其既定环境。

无论如何，个人占据模式的确认反映出一种对物质环境的拥有和眷恋以将其占为己有，要么是在机构组织和公共环境的短暂方式，要么是在住所和私人环境下的持久方式。

这是一种以人们对空间的占有为依据，与人们所处空间相关的程序，这种占有依仗多种因素，而这些因素与既定布置的情形和约束相关，也与诸如社会等级、空间个人需求、个性等个人变量等有关。占有是一种控制的动态表达，这种表达是与物质环境的多种因素一起组成的，但在这其中有一种在某种程度上优先于空间约束的个人化形式。这就是为什么不同形式的占有在这种角度可以被认为是一些适应机制，这种适应机制认为人与空间的关系从未完全被所布置的物质的功用性所束缚和决定。从这些观察出发，我们可以得出一些占有的心理特点。

首先这是一种交互机制，就像我们之前指出过的一样，这种机制显示我们与环境的具体关系从不是完全被动的或者无关紧要的；每个人以自己的方式占据其空间，并将空间根据其当时的需要进行改变，即使这并不明显。

其次，建筑师或设计师对一地布置的设想和居于其间的人的真实需要是有差距的。在这种视角下，对布置中占有形式的研究可以提供一些珍贵的关于不同建筑空间机能障碍的心理和社会指示标，这些建筑空间可以是社会住宅、学校、医院等。这些空间在大多数情况下都是依据一些正常的功用、经济标准来设计的，它们并不能与在这些环境中人们心理及社会层面的需求真正融为一体。在这种情况下，占有是某些环境中需要实现的改变及期望的显影剂。

最后，占有被看作是对一处地点的转变程序，是一种微观社会的秩序现象。这实际上强调了占有的心理特点和个人化特点，这些特点包括用行为和意念对一个既定地点进行投资，使人在其中度过的时光更加舒适与放松。占有通过多种多样的表达表现，而标记和个人化这两种表达是被研究得最多的。

首先是标记，这是一个来源于动物领地研究工作的概念。它是指在人类和社会框架下的一种占有形式，通过这种占有形式，人们会使用多种方式向其他人示意这片地方有主了。标记行为可以显示出一个人的存在感和对一个地方的有效占据。标记行为遵从社会接受的多种准则，这些准则建立起一些不能僭越的界限。

索穆尔（Sommer, 1966）是那些率先使用标记概念的人之一，目的在于去表示一些物品和手段，这些多样的物品和手段被其他人所识别和接受，其他人会认为这些物品和手段是与某个人直接相关的。标记因此是一种个人通过其他人承认的方式对一片空间的签名。标记这一词语包含了多种标志，这些标志用来辨别另一个人对一地占据的存在感。

另一种占有的表达是对一个空间的个人化。它是标记的补充模式，更强调我们所处空间的改变形式和干预形式，这种强调是为了使空间更加符合人的需要，因此确认了所占地点的个人质量，尤其是当我们处在一个倾向消除这种层面的功用性领地上。

桑德斯通姆（Sundstrom）在工作环境下进行的一些研究指出，一片空间越是个人化，越是对自我的确认。但是在无数的机构组织之中，个人化的程度表明被占据地点的自由和自主程度。

通过这些不同的观察，桑德斯通姆得出占有不仅仅是一个理论概念，还具有一种对于私人和社会不同空间的建筑和布置步骤的实际作用。在住宅领域人们将未来的使用者和项目的发展联系起来，这种实际作用以一种有意义的形式在住宅领域的建筑架构下显现。在这一方面，对使用者需求的接纳，尤其是在布置步骤中的某些阶段，不仅仅是项目功能有效性的一个元素，也是其社会成功性的因素，因为在建筑过程当中，那些直接与建筑相关的人的真实需要得到了考虑，并与建筑本身融为一体。

为什么人人都需要自己的空间？

你是否观察过，比如说在医生候诊室或者是在餐馆，人们选择什么样的位置，如何坐下，如何将个人物品放置于其周围？研究人员对我们在日常生活中不同状况中的行为非常感兴趣，比如说在房子里，在工作的时候，在移动的时候等。

在所处空间内，我们之间的每一个人占据的临近空间被称为个人空间。事实上，这片空间是围绕一个人的特殊区域。它不仅仅是物质性的，而且是有感觉能力的，它代表着身体周围的一种具有无形边界价值的界限，保护人免受一切入侵。

在这个领域最原始的一些研究表明：知晓个人空间的最好方式是尽可能地靠近一个陌生人，直到他开始反抗，开始与你保持距离，甚至辱骂你！

个人空间被看作是身体空间的盖章区域，最初被美国研究者称为自体缓冲区（body-buffer zone）（Horowitz, Duff and Stratton）。这片保护性、安全性区域是无数研究的对象。它的作用和重要性以一种非常关键的方式出现，就如我们要在之后看到的内容，特别是对那种自己与其他人之间有要保持距离（建立起生理和心理界限）的特殊需要的人，比如说精神分裂的人、有暴力倾向的人。这些征候性的表达让我们了解了一些个人空间的基本特点。

我们的日常经历告诉我们，当我们占据一处既定地点的空间时，这并不仅仅是说人们在一些有形的严格界限中使用这片空间。实际上，我们占据的是一片可以在位置层面上定义的空间：这是我们的位置。地点占有模式层面上的位置确认是指包括所有行为方式、存在方式、自我确认方式的个人空间。对一片空间占据质的方面通过多样的空间占有模式和控制模式，具体化成为一系列身体的主观扩展。

个人空间的概念同样也考虑到了个人的日常经历：在既定环境中我们根据不同的社会情形划定自己位置的范围。这显示出了另外一个特点：作为保护性精神外壳，人们越是处于一些压抑和限制人的社会情形，个人空间就越是有更大的价值。因此，在人很多的情况下，比如说高峰期的地铁和火车，人挤人人挨人，我们可以观察到一些回避性的行为，如人们避免眼神接触，蜷缩为一团，身体僵直，合抱手臂等。这些表达都显示了个人空间的关键作用，它既是社会情形中占据一个位置的最小舒适因素，也是人们对所处空间的最小控制。

这强调了个人空间的另一个功用：个人空间可以用多种方式控制一个人的舒适感。首先，在家里，人们可以重新布置一些家具、房间，这不仅仅是为了更舒服，也是为自己创建一片空间。其次，在屋外，在人们走动的时候，在人们频繁进出的单位机构，我们可以观察到人们寻求舒适感的尝试，人们在其周围放置个人物品以扩大其空间。这些表达形式在一定程度上显示出拥有个人空间的需要，即使是小而不充分的空间，也是一种对自我的确认。

最后，如果个人空间是与其临近环境的一个特点，这些表达会随着文化而改变。事实上，这些个人空间的文化变量决定于在既定文化中个人的价值和位置。在这种意义上，个人空间的不同文化方面提供了体验和确定社会现实不同方式的目录索引。

我们可以举一个法国和北美房屋是否有篱笆的例子来说明。在法国，有花园的房屋通常被铁栅栏环绕，这些或高或矮的围墙代表了一处私人房产的界限。相反，在北美，房屋并没有被栅栏围起来的习俗，因为空间应该开放，以展现北美人民的开放胸襟。因此，与私有财产相关的信息也包括一些禁止标准，但是这些标准按照家里的另一套体系运转：那就是禁止进入私人区域。关于个人空间的无数实验阐明了这种如此特殊的关系（即我们与环绕我们空间的关系）的不同侧面。

为什么你只对你朋友做贴面礼而不会对老板做?

人类学家爱德华·霍尔(Edward Hall,1966)是首批回答这个问题的人之一,他指出个人空间及其形式和大小通过人与人之间关系间建立的距离所显现。一项常规观察表明人与其他人建立的身体距离和心理距离之间存在一种直接联系。那些我们与之保持身体距离的人通常也是我们心理上远离的人。

霍尔曾做过一个调查,他对美国东海岸居住的一些中产阶级进行了访谈,从中得出了不同互动情形下四种距离类型。这四种距离类型为公共距离、社会距离、个人距离和私密距离。这四种类型不能被理解为是一种静态的划分,它应该是一些区域的整体,这些区域构建在人际关系周围和将人联系起来的活动周围。

公共距离,指3.6米之外的距离,主要出现在正式互动的时候,尤其是强调一个人的重要性或者作用的一些受规矩约束的正式场合。但是任何人都可以使用公共距离的模式,比如说这个人不想参加集体示威,只想远远地跟着。

社会距离是指 1.2 米到 3.6 米之间的距离，这种距离是指熟人之间的距离，比如同事之间的距离。霍尔将职业关系中的社会距离进行了区分。有些社会距离是一种熟人之间的模式，有些社会距离具有更为正式的特点，比如说在会议室里，桌子上人的位子已经确定，或是在有固定布置的领导和负责人的办公室，访客所坐的椅子或沙发被安置在和领导有一定距离的位置上，以制造一种心理距离。

个人距离是指 45 厘米到 1.25 米之间的距离，这个术语首先被动物生态学家使用，以代指不同动物种族成员间的固定距离。个人距离应用在人身上，即指熟人之间身体的接近及富有感情的关系和交流。根据霍尔的说法，个人距离由一种模式表现，这种模式是对他人身体影响的界限。在个人距离之外，我们不能在身体上触碰到其他人。这种个人距离由我们成员的规模而具体化。在这种距离内，人们对一些私人话题交换意见。因此，这是一种具有私密性的，适宜私人交谈的距离。

最后是在 50 厘米之内的私密距离。这种距离是一种亲密关系的距离，具体表现为与其他人的身体接触。这种距离是身体接触的距离、感情示意的距离、性行为的距离或是暴力情形下身体攻击的距离。这种距离显示了一种在这种情形下非常重要的身体关系。我们只会让那些我们信任的人进入私密距离，这些人才可以接触我们的身体。

在对距离的这种整体分类之外，其他研究者对人际交往中所处情形下人与人之间的最佳距离更感兴趣。因此在通常情况下，若两人有强烈的交流愿望，他们倾向于靠近彼此。

索穆尔是加利福尼亚大学的心理学教授，也是个人空间的专家之一，是他率先进行了个人空间和距离的实验。实验的方法之一是要求人相互交流，实验者测量他们说话时彼此的距离。

在加拿大进行的一项实验中，索穆尔要求一组两个人面对面坐在两个沙发上交谈。随着谈话的进行，索穆尔改变了两个沙发间的距离。他在这些情形中观察到了一些东西。当距离较小，在90厘米之内，人们会面对面交谈；但是在一米零五之外，人们倾向于肩对肩坐着。图 2.1 显示出距离变化与最舒服的交谈模式之间的密切联系。另外，与索穆尔最初想得不同的是，他观察到人们最喜欢的交谈方式不是面对面而是两人间成一个被索穆尔称为"角对角"的角度来交谈。

在精神病院的实验中，索穆尔发现椅子一个挨着一个靠墙的放置方式不利于对话的进行。于是，研究者将椅子放置在小桌子周围以便于交流。这种小改变让对话翻倍，并让病人间的气氛更加友好了。

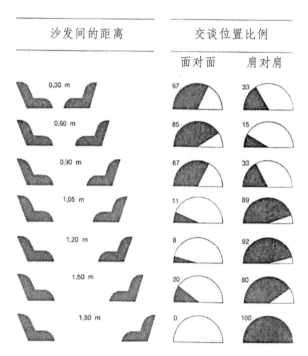

沙发间的距离	交谈位置比例	
	面对面	肩对肩
0,30 m	67	33
0,60 m	85	15
0,90 m	67	33
1,05 m	11	89
1,20 m	8	92
1,50 m	20	80
1,80 m	0	100

图 2.1 根据座椅间的距离"角对角"和"面对面"位置的比例（来源：索穆尔， p136）

在这项实验中，实验者将限制社会交流，加深彼此孤立的反社会化空间（espace sociofuge）改造成有利于社会互动和交流的社会友好化空间（espace sociopète）。

这种类型的实验在学校、大学、小酒馆、机场等公共空间中均进行过。索穆尔发现在很多情况下，如果一个地方的椅子或长凳呈直线一字排开既不利于交流也不利于休息。

另一种索穆尔想确认的个人空间的表达模式是个人要按照地位不同一起完成不同任务（交流、合作、竞争）的职业活动中的表达模式。他于是进行了一项实验，实验对象由担任不同任务的两人构成一组。他发现两人间地位的差异会影响人交往的方式，下级倾向于坐得离上级远一些，这显示出了空间距离和社会距离间关系的存在。

关于个人空间表达形式的无数实验和观察首先强调了这样一种事实，我们的手势和行为会使用身边临近的空间作为完整身体的一部分以在一个环境中占据位置和确认自我。另外，个人空间根据情形不同表现出其灵活性。个人空间可以收缩或者扩张。所使用的距离因此成为个人空间表达的因素之一，呈现出距离和既定社会行为间建立起的地点类型。

物以类聚，人以群分

你与其他人建立起的距离具体是如何产生的呢？最简单的方法大概是把握住实验中两个人间距离的影响。在研究的所有标准之中，个人禀性和社会层面可以帮助我们理解这一现象。

因此，我们想去了解外向和内向的人是否以同样方式建立起与他人的距离。众多研究表明与外向的人相比，内向的人与他人建立的距离更大（Williams）。另外，人们观察发现那些有着相同外表、观点、态度的人倾向于更靠近彼此，也就是说拉近他们的人际距离。

另外一项研究表明吸引和身体距离间存在着联系。被观察的人越是对彼此有好感，他们越是可能靠近彼此。在实验中，有些人被实验者要求表现得友好并且寻求给他人留下一个好印象，而其他人被研究者要求表现得不那么友好，研究者发现前者比后者更倾向于靠近他人（Rosenfeld）。

既然我们愿意靠近那些与自己相近，想与之友好的人，那么我们喜欢接近那些让我们开心的人就不奇怪了。

各种研究都测量了不同关系人之间的距离：父母、好友、熟人或者陌生人。研究结果系统地表明了社会关系越近，人际距离就越近。

在一项研究中，研究者对医生和病人之间的固定距离进行了观察。研究者在较远的距离外对医生和病人进行了拍照。结果显示如果医生与病人的距离较小（一米），他比那些离病人更远的医生更容易理解病人的问题（Goldring）。

在病理学领域，研究者也指出个人性格和距离存在着某种联系。精神分裂者倾向于需要更大的个人空间。

霍尔维茨、达夫和斯达尔通（Horowitz, Duff and Stratton）在 1964 年做了一项实验，实验对象是精神分裂者和正常人，房间里有一个人和一个衣帽架，他们要求这些人向房间里的人或衣帽架走去。一方面，研究者记录了人们往哪里走，另一方面，研究者记录了在哪里人们停了下来。实验结果表明多数人走向了衣帽架。另一方面，那些走向衣帽架的人比那些走向人的人离目标物更近。

这项研究还得出一个事实，精神分裂者比正常人与其他人维持着更远的距离。这个结果可以理解为，精神分裂者倾向于与其他人建立较大的身体距离以减轻自己的焦虑并减少建立不情愿关系的可能性。

除了个人禀性和性格之外，其他的一些研究工作关注某些社会层面以彰显它们在距离中的作用，并指出这些距离是如何调控我们的社会距离的。

因此，一项研究表明比如说在检查的时候，穿着制服的警察比不穿制服的警察在职场上与公民保持着更远的距离（Leblanc and Alain）。这种距离的保持在研究者眼中是为了让人遵守其执行公务时的秩序，这就是为什么他们与其他人交往时显得更为谨慎。

在另一种社会视角下，距离问题被加以探讨以了解不利条件对人际关系质量的影响。

在一项实验中，实验者要求一些大学生到隔壁房间与一些人交谈，并且告诉他们这些人时常会癫痫发作。实验者观察到所有学生都习惯坐在一个离这些人与正常人相比更远的距离的位子上。

而后，实验者调整了实验的变量，重新要求学生参与实验，这次告诉他们旁边房间的人有些热情而友好，有些人冷漠而不友好。这一次的实验结果也是一样的，研究者发现学生倾向于离那些被描述为不友好的人远一些，而离那些被描述为友好的人近一些。这项实验显示了在建立关系中社会感知的消极影响。

最终，实验者想测试人们与截肢者之间的距离。实验者将一位年轻人安置在为其专门定制的轮椅上，然后邀请大学生进入年轻人所处的房间。实验者要求大学生教会截肢的年轻人如何折纸。在这次实验中，所有大学生都坐得离与之前正常人的距离远。（Kleck et al.）

这项研究由一个援助残疾儿童的组织赞助。这个组织关注残疾人所感受的孤立问题。这些研究不仅仅表明坐轮椅的人被人保持了更大的距离，也表明这种距离让残疾人产生了不被他人接受的感觉。

我们所有的人际距离和社会距离都离不开距离二字。这种距离不属于我们的关系，但却可以解释我们的关系。距离在某种程度上是一种非口头语言。因此，当我们观察和理解我们与其他人建立的关系时，我们有一把钥匙可以去懂得我们与他人的关系类型。

打住！你靠得太近了！

我们都经历过被一个自己不想见的人侵犯的不愉快情形。这些地方既可能是我们工作的地方，也可能是城市里熙熙攘攘的地方，也可能是在被人硬贴着的公共交通工具里。

入侵的意思是指踏上了别人的领地，进入了别人的个人空间，跨过了别人领地的边界，这让人感觉到不适、不舒服甚至是感到被侵犯。

入侵是对个人四周空间的跨越，让人有了一种特别的情感负担。事实上，个人空间有一种心理上的作用，它既可以调控人际交往，也可以给面对入侵的人们包裹一层精神保护。

对入侵的研究大多数都依靠一种研究方式，即尽可能地靠近人，入侵他们的个人空间以测试他们的反应。实验者观察到入侵经常会导致一种身体的不适感，甚至一种焦虑的状态，这种焦虑的状态可由多种行为呈现出来。

在 1972 年的一项实验中，麦克道维尔（McDowell）让实验对象针对一项既定主题与一个人交谈，这个人是研究者的合作者，研究合作者被要求逐渐靠近实验对象并入侵其个人空间。研究者观察发现，实验对象会逐步退后，并不断试图建立起与研究合作者之间令人满意的距离。

最初的关于个人空间入侵的研究是在美国的大学图书馆中进行的。

在一项关于学生面对入侵反应的调查中，研究者要求一些学生合作，这些学生会坐在形单影只学生的旁边，距离大概30厘米。观察表明所有形单影只的学生毫无例外地有了不适反应：他们避开入侵者，用手捂住脸，将书或者书包放在自己和入侵者之间。半小时之后，研究者发现接近90%的被入侵学生离开了图书馆，而在其他地方学习的其他学生只有30%离开（Felipe and Sommer）。

这种相同类型的实验被反复进行以准确得出被入侵者的具体反应。

一位美国研究者因此进行了两年的系统观察以发现这些学生到底去哪坐了。实验数据显示最初有位子的学生坐到了无人桌子的尽头。另外，一些学生寻找单独孤立的位子，并至少将一本书放在了他的对面。实验包括了数种类型的入侵可能：直接坐到人身边或对面。所有的模式包括了数种违反图书馆占位的通常规则形式，要知道新来的人应该坐在离之前来的人远一点的地方。被入侵者对待入侵者的反应是强烈而具有意义的：坐在一个人旁边可能导致其最快地离开。但是研究者同样发现反应不是单方面的：一些人在第一时间通过防卫姿势、变换位置或者尝试远离去调整了他们的反应。

如果这些信息被入侵者忽略，那么被入侵者最终会离开。最后，关于这些反应，实验者发现面对入侵者，被入侵者很少有口头回应。八十个学生当中，只有一个学生要求入侵者离开。我们在这里需要重申一下之前强调过的事情：大多数情况下，面对个人空间入侵的消极反应通过非口头语言呈现，被入侵者会使用空间来传达信息。

我刚刚给了自己
更大的生存空间！

如果说许多关于入侵的研究都是在大学或者办公室等具有与个人空间相关的文化准则的公共环境下进行的，另外一些研究则是在一些准则没那么重要的环境下进行的，而在这

种情况下人的反应也没那么激烈。

在这种视角下，一项研究在加利福尼亚一所有 1500 个床位的精神病院进行（Sommer）。医院建在一个巨大的公园之中。医院的房间均不上锁，患者大部分时间都在房间外度过。白天大楼内的房间基本很少有人，所以在室内的人有机会安静地一个人待着。

研究的第一阶段是观察患者如何自我孤立，也就是创立他们的个人空间。因此产生了以下方式：一些人在公园的灌木丛边坐下，一些人躺在长椅上。在室内，一些人坐在房间一角，并将个人物品放于自己四周。

研究的第二阶段是实验。这项实验只包括那些自己一个人坐着，没有干什么明确事情的人。研究者接近他们，在他们身边坐下并一言不发。如果患者移走自己的椅子或者坐到长椅的另一头，研究者会继续接近患者，并与其保持大约 15 厘米的距离。两分钟后，三分之一的患者起身离开。9 分钟后，大多数患者都走了。患者反应中最具有意义的特点是逃离，这种逃离通常包含以下行为：患者立刻改变位置，自身蜷缩一团，目光注视远方，通过将手放于面部寻求保护。这些多样的表达强调了这样一个事实，入侵被体验为一种对我们想通过防御性行为保护的事物的进攻，而这种防御性行为的主要功能就是让自己有心理上的安全感。

将精神病人作为实验对象，是为了看到面对个人空间入侵时人最敏感的反应，因为在这种情况下，社会的外界变量作用相对较小。

但是，在这些情况下，就像人们所观察到的那样，如在精神分裂者身上，与既定病理学直接相关的某些因素直接影响了人面对入侵的反应。

关于个人空间入侵的研究阐明了作为不可侵犯领地的个人空间在心理上的重要性和作用，因为占据空间的方式与个人空间是不可分割的。于是，每个人的位置被认为是自己身体的延伸。通过入侵他人的个人领地，我们便碰触到了他们。

为什么暴力囚犯要与别人保持更大的距离？

个人空间不仅仅是我们自身的包裹物，如果我们再一次使用研究者用过的最初的术语的话，它同样是一片相对于外部环境的"盖章区域"。这种盖章区域以一种特别的方式使一些情形中一些类型的人介入。

　　研究者禁不住会自问，因暴力获罪的囚犯的个人空间是否与非暴力的囚犯一样。

　　美国研究者金泽尔（Kinzel）在 1970 年做了一项关于暴力囚徒和非暴力囚徒的实验，以测量他们的个人空间。囚犯根据其获罪原因被分为两组。暴力囚犯是指那些曾经对其他人做出各种袭击的人（杀人、强奸、身体攻击等）。非暴力囚犯犯过一些对他人没有身体攻击的罪行（偷盗、入室抢劫等）。金泽尔让他们陪自己进入一个宽 6 米长 6 米的房间，并让他们站在房子中间。而后，以距离囚犯 3 米为起点，金泽尔逐步走向囚犯，并发出命令"我将逐步接近你们，当你们觉得我靠得太近的时候，就告诉我停下来"。实验者在之后测量出自己和囚犯的距离。这项实验以一周一次的频率在每个囚犯身上做了 12 次。

　　于是我们可以通过囚犯制造的距离得出他们个人空间的特点。结果显示与非暴力囚犯相比，暴力囚犯会离实验者更远。另外，暴力囚犯的个人空间是其他囚犯的 2 至 3 倍。

　　这项发现可以通过以下说明进行解释：当有人靠近暴力囚犯时，他们比其他人更需要安全感。暴力囚犯会有更强烈的防御性反应以进行自我保护、抵御威胁。在这种情况下，一些与其他人保持距离的方式可能是暴力囚犯与其他人关系中不安全感的显示。

　　这两组实验所使用的标准都是一致的，而暴力囚犯和非暴力囚犯的区别就在于非暴力囚犯会让人靠得更近。

✖

———————

第三章

我们对周围环境的认知

———————

✖

画出你的城市

你对自己所居住的城市或街区有什么印象？你是怎么在城市里辨认方向的？如果你尝试想象置身于你经常去的空间，你会看到什么？

我们对自己生活或走动的不同空间会建立起一种形象，环境心理学的研究者已经对这种形象的重要性和作用进行了数年的研究。事实上，我们怎么想象自己所处的环境和我们与环境关系的一种形式是有关联的。这种过程被称为空间认知图（carte cognitive），这种空间认知图会给我们提供在既定环境中如何处理我们需要的信息以在商场、道路中寻找方位和走动的方式。这就是我们所称的空间认知图全部程序的结果，空间认知图换种说法就是我们对既定地点所描绘的精神地图（carte mentale）。

认知图的概念是被美国心理学家道尔曼（Tolman）在 1948 年时引入的。道尔曼曾在小白鼠身上做了一系列实验，他将挨饿的小白鼠放入一个迷宫内，以观察它们找到放食物地点的路线。道尔曼的研究表明迷宫中老鼠的行为不能由简单的刺激—回应关联来解释，应该由它们产生认知图神经系统中的一系列空间信息阐明。根据道尔曼的研究，老鼠是根据它们的认知图来规划路线并找到吃的。

从那以后，人们经常使用认知图来理解我们在脑海中建立环境地图以认路的方式。

但是一些人还是可能会问认知图到底是干什么的。首先必须强调，认知图不是对空间进行的拍照：它并没有把空间完全复原出来，只是表现了对该人自身有意义的某一个特点。

一些研究者（Garling et al.）指出，认知图包括了数种空间信息类型：
· 关于不同地方的，具有自身物质特点的信息；
· 与其他地点空间关系、距离的信息；
· 能给人指明方向的方位标的信息。

认知图不是对环境的重现，而是一幅图像，也就是说人们通过对空间信息筛选以提高对空间的认识和理解并把握住这些空间信息对既定个人的用处和意义。

关于认知图最初的研究是由麻省理工学院城市研究中心的一名研究者完成的，这位研究者想知道美国一些大城市（波士顿、洛杉矶、泽西市）的居民在心中对自己的城市描绘了一个什么样的形象。最初这位名叫兰驰（Lynch）的研究者要求一定数量的人按照自己的想法画下他们居住的城市且不需要考虑画作的美感。

通过分析这些画作，兰驰发现所有人的画作都是人们即时感受和先前经历的双重结果。这些环境形象是根据环境对每个人的意义而组织起来的。他于是得出了形象性（imagibilité）这一概念，其含义为既定环境得以以巨大可能性使任何观察者产生对其强烈印象的特性。

通过这些数据，兰驰得出了构成一座城市的认知图的五个结构性元素：道路、界限、街区、交通枢纽和方位标。道路包括了与出行所有相关的空间：街道、人行道、地铁等。界限是指城市空间中被认为是障碍的元素，一些路障或者是分割空间的边界：如高速公路、河流、围墙、栅栏等。街区是被人认为具有自身身份、区别于他人的区域：巴黎的拉德芳斯，马赛的北区……交通枢纽是一些战略性地点、转运地点或是集中地点，比如说广场、十字路口、火车站等。方位标是那些容易辨识的空间，这些空间可以让人知道自己在哪，并且给其他人指路，比如说一些楼房、商业区、建筑等。

因此，所有这些元素都是城市认知图的必要组成部分。它们显示了一个人对自己城市的感知。但是一座城市不仅仅只有一个形象。

之后的研究表明城市在我们脑海中的形象不仅仅与一些物质特点相关，还与一些个人特质相关，比如人的固有观点，他的期望和经历。因此，初次游玩一座城市的游客不可能跟久居于此的人对同样的景象有相同的感触。这显示出一座城市的总体形象不仅仅由物质意义上的空间特点构成，也包括人们对其的印象、气氛、关系、生活节奏等。认知图因此包括了空间、心理和社会多样构成部分。

美国心理学家米尔格拉姆（Milgram）因其关于社会影响的研究而得名，他同样研究了人们对多种环境的描述这一课题，并特别指出了这些描述是怎么受环境的社会特点（如对居民密度或态度的反应）所影响的。他对三座城市（纽约、伦敦和巴黎）的气氛做了一项比较研究。他给至少到过这三个城市中的两个的游客发放了一项问卷调查。他们需要通过一些形容词和在他们旅程中发生的可以成为城市特点的特别事件来描述这三座城市。

米尔格拉姆将这些答案进行归档。与巴黎和伦敦相比，纽约更具有文化多元性和巨大的异质性，游客也更加强调了纽约的物质方面、大小、节奏和感情冲击。关于巴黎，游客的回答呈两极分化状态，一方面是关于巴黎人行为的评论，另一方面是关于城市优势和城市气氛的，比如咖啡馆和餐馆（Milgram）。

在之后的研究中，米尔格拉姆更加关注巴黎人对自己城市描绘的具体形象。他与德尼斯·约德莱（Denise Jodelet）共同完成了这项调查。他们要求一组人画出巴黎，让他们标出对他们来说最重要的地点，标识出之前向他们介绍过的一些地点并借助形容词来描述一些街区。这项研究指出一些地点明显区别于其他地点，如凯旋门、巴黎圣母院、埃菲尔铁塔等等。这些地点更多地被人造访。关于这些地点的形容词与人们观察这些地点真实物质特点的方式更为相关。这就是为什么研究者得以发现一些地方虽然具有更大的建筑价值却没有被大多数人承认。（Milgram and Jodelet）。

通过对认知图的研究，研究者得以理解个体是如何在脑海中对一个环境进行描述的。关于这些空间形象的研究让人可以更好地理解环境是如何在人的脑海中产生，并对他们产生各自的意义的。

我们有时会相信对一个地点或是一种情形的客观认识是掌握真相的唯一有价值之物。然而认知图告诉我们，心理学也在一些领域施加了自己的影响，比如说人们对情况、他人、空间的感知方式给自己传递了一种特定而恰当的认知形式：描述是一门被人们与真相的关系塑造的学问。

你的大脑里有 GPS 吗？

在这个时代，当我们不知道自己具体在哪个地方的时候，我们有了一种智能化的方法：车载 GPS 可以在多数情况下帮我们找到位置。但是当我们没有 GPS 的时候，我们的大脑里有什么让自己可以在一个空间里定位呢？

　　法国国家科学研究中心的研究员拜耳乌斯（Pailhous）在1970 年进行了一项关于出租车司机的研究，以回答一些关于城市出行策略的问题：在确定路线时，人考虑了哪些环境因素？在移动的时候，人对空间的描述是怎样变化的？空间以何种形式被描述？

　　在这项实验性研究中，研究者得出这样一种事实，出租车司机不仅仅要记住几条简单并经常使用的路线而且脑海中要有完整的包含道路名称的城市交通图。在交通图内部，行驶的规则是启发性的，正是行驶中城市空间的经验让行驶移动和司机对整体地图的概念更加相符。

　　实验的第二个结果是关于城市空间描述的。这些描述有两种规则。一方面，地图性质的描述：这些描述在既定时刻给司机提供其视野之外地点方向的准确信息。另一方面，与视觉标记相关的描述：当司机开车时，他会不断"看到"一些交通网络片段并记住一些元素和特点，比如说重要的建筑及建筑的颜色等等。对司机回答的分析表明在他们的描述架构中，视觉标记对其行驶有着至关重要的作用。结果，地图性质描述似乎被视觉标记类描述归纳了出来，而视觉标记类描述让人可以很轻松地辨别出地点。换一种说法，相对于总体城市交通网络，地图性质描述是主心骨而视觉标记起到了辨别地点的作用。

最后，这项研究强调了出行和描述之间的关系。关于这些关系的分析指出司机们采取了两种策略：在行驶中尽可能少通过交叉路口，如果我们处在一个十字路口，司机会走那条对他来说呈"最小角度"的道路。因此，在行驶过程中，如果路线中有大量十字路口，司机会使用最小角度的策略，选择最少十字路口的那条路。

这些结论很容易被应用于其他城市司机的情况，城市空间对于很多人来说是多样出行中日常空间的一个元素。

向左转，然后向左转，
再左转……

您就不能简单点，
说就是转个圈吗？

最近，出租车司机的空间形象和空间描述问题被重新提起，但是这一次是在神经系统科学中新方向的框架下进行的，神经系统科学主要研究涉及环境认知图绘制的大脑中的不同系统和区域（主要是海马回和小脑）。人们因此可以辨识出负责辨认方向的大脑体系部分。

在 2000 年的一项比较研究中，马格尔（Maguire）和他的同事强调与不是出租车司机的群体相比，伦敦出租车司机的后部海马回体积更大。他们同样发现这种体积与开车的年数成正比：出租车司机开车越久，其后部海马回就越大。

在这项研究 2011 年的延伸研究中，沃莱特（Woolett）和马格尔关注了在培训阶段的伦敦出租车司机。事实上，为了取得执照，出租车司机候选人必须在其培训期间学会复杂的伦敦道路图（包括差不多 25000 条道路）。这项学习差不多要花 3 至 4 年。执照的获得与否取决于其测验是否通过。研究者跟踪了 79 位候选人并且对他们进行了两次测试：第一次是在司机培训之初，第二次是在培训之末，也就是其三四年后获得出租车司机资格的时候。研究者也测试了没有进行出租车司机培训的31 人。

研究结果表明那些获得执照的人，也就是能在脑海中描述伦敦街道的人，与培训前相比，海马回中灰质的体积变大了。

相反的是，那 31 个人和那些没有通过考试的人的脑组织没有发生改变。

这些结果表明空间描述和空间记忆的认知功能能够改变大脑的结构。

但是我们是怎么知道自己在哪里的呢？我们是如何从一个地方走到另一个地方去的呢？这些问题都被近些年研究者的研究解答了。

2014 年诺贝尔奖生理学或医学奖获得者欧基夫（O'Keefe）在 20 世纪 70 年代发现老鼠的神经细胞参与了空间定位。他发现这些神经元同样存在于海马回中，海马回与记忆直接相关，只有在老鼠处于既定地点时神经元才会活跃起来。

在老鼠的大脑中，每一个其到过的地方都对应一组被称为"位置细胞"（place celles）的细胞，这些细胞可以让动物在脑海中进行绘图并知晓自己的位置。

欧基夫的研究工作给其他研究打开了局面，让人可以更好理解认知力特别是空间定位的神经元基础。

2005 年，与欧基夫一起获得 2014 年诺贝尔奖生理学或医学奖，来自特隆赫姆大学的两位挪威研究者梅－布里特·莫泽和爱德华·莫泽（May-Britt Moser，Edvard I. Moser）发现了海马回附近内嗅皮层中的一种名为网格细胞（grid cells）的新型神经元。这些细胞在动物移动时活跃起来并且对地点之间的距离进行判断。这项发现揭示了大脑定位系统比我们想象得要复杂得多。

但是我们可以将这些关于动物的研究数据应用到人类身上吗？

在对欧基夫工作的延伸研究中，研究者龙迪·瑞格（Rondi-Reig）给出了一些答案，特别是在关于老年痴呆症中的空间定位问题上她给出了一些解答。尽管人们在这一领域还远远没有找到解决方案，这位研究者却肯定：位置细胞、网格细胞和神经变性疾病间的联系还没有建立起来。我们只知道海马回和内嗅皮层是老年痴呆症首先侵害的组织。

相反的是，在预防这个问题上，关于空间记忆的知识却是可以应用的。通过与拉比铁-萨尔佩苹尔-查尔斯-法（La Pitié-Salpêtrière-Charles-Foix）医院合作，瑞格和其团队设计出了一项名为星际迷宫的虚拟实验，这项实验意在测量人在有两个不同入口的迷宫中寻找出口的能力。这项测试事关老年痴呆症患者的治疗。

自 20 世纪 70 年代以来，关于空间定位的研究发生了很大变化，之前人们主要关注关于图像和信息处理的认知程序。当下的研究主要朝神经科学方向发展，研究人员强调大脑中存在一种地理定位系统，并且指出了是哪一块大脑区域参与到了空间定位中。

我在哪儿？我要去哪儿？

当我们在城市或一个陌生的地方行走，当你找不到路或者不知所措的时候，你可能会问上面这两个问题。

在一个地方自我定位，认路，辨认方向这些问题成为环境认知领域诸多研究的对象。通过空间定位的混乱，人们能更好地理解老年痴呆症患者大脑中的一种重要缺陷。在日常生活情况下，老年痴呆症患者出去购物时可能会突然发现自己找不到回家的路了。这种方向的迷失感会逐渐加重，并且在他不知如何回家并发出"我住哪儿啊"这个问题时显现出来。研究人员发现这些缺陷会急剧加重，甚至是当他已经回到家的情况下：他会不知道自己的东西去哪了，卫生间在哪等，他自己没办法再照顾好自己，不再穿衣服并且一切都由它去了。这其实是失去了空间的方位标，这既是对这个人自身来说，也是对其周围环境来说。这种空间迷失包括一系列混乱，这些混乱被称为空间失认症和空间遗忘症。

有一个困扰所有老年痴呆症患者亲属、医生和护理人员的问题，那就是怎样对环境产生影响以"框定"空间迷失感，同时支撑起一种在环境中自我定位的能力形式。

当今存在着很多这样的出版物，其内容是关于设想新的空间布置以更好地接收患空间迷失症的老年人并对其进行治疗，无论他们的病症是在初始阶段还是在后期阶段。因此，在建筑的过程中，人们会去创建一些服务，这些服务考虑到了人与环境之间的关系的欠缺。但是，对于居住在为老年痴呆症患者特别设计的住宅中的人，仍然有一些科学研究者去寻求限定环境对这些人健康的影响。

泽塞尔（Zeisel）和其同事于1994年在美国做了一项研究，一边是15个特别住房单元中的环境设计的7个特点，一边是老年痴呆症患者的攻击性行为、烦躁不安、抑郁、社会疏离行为和精神病问题，这项研究目的在于系统性地测试出这两边之间的关系。这项研究探索了空间布置的影响同时建立一种环境－行为多因素模式，以辨识那些周边物质环境中能显著影响一些行为的因素。研究者记录下了7个因素：出口控制、私人空间、交通空间、公共空间、外部空间可达性、自主支持和感官理解。

这项研究的结果表明环境特点总体上与这些居民的行为相关。人们可以观察到不同环境因素和人行为之间的相互作用。

首先，在那些有更多私人空间的病人比那些没有这么多私人空间的病人在焦虑感和攻击性上更弱。另外，关于社会疏离，居民间的疏离感会在公共空间更多、类型更多样、有各自特点的情况下减弱。抑郁程度与房屋设计类型和出口控制相联系。

当单元出口配备静音电动关闭系统而不是警铃的时候，居民会没那么消沉。这是因为在这种情况下，居民有更强的出行独立感，这对缓解他们的抑郁状态是有积极作用的。

另一个与环境特点相关的行为方面是攻击性和其不同的表达形式。那些居住在更具私密性单位的人比那些居住在有类似医院和传统养老院结构环境特点地方的人攻击性总体较弱。

最后，人们注意到私人空间和被研究者所称的感官理解之间存在着联系，也就是说噪音和声音氛围比其他单元更适度和微弱的事实。

这些变量成为环境设计的重要组成部分，它们能够对行为产生积极影响。这项研究的结果表明，一些环境的组成部分与居民更好的行为相联系。与攻击和烦躁行为及心理问题的减少显著相关的环境组成部分是带有房间个人化的私人空间的特征。

相反的是，那些为尚有足够认知能力的老年痴呆症患者以常规方式设计的环境对这些患者的认知能力起到了消极作用。

这些结论指出了设计布置和居民行为之间存在着动态关系和相互依存性。在这一基础上，研究者记录下了数个对行为有显著影响的周围环境特征：

· 私人空间的存在性；

· 有多样而非制度化气氛的公共空间的存在性；

· 进入诊疗花园的入口；

· 具有高度伪装控制的出口。

空间迷失感是我们与环境关系的主要心理问题。老年痴呆症显现了这种心理问题的病理特征。这种不足既强调了环境能力丢失的消极影响也强调了方向迷失感的消极影响。这些关于老年痴呆症患者的实验证明了病人的空间迷失感需要在环境布置中得到考虑。

第四章
家庭环境

什么是住宅?

对于每个人来说，让我们可以生活的一片瓦和一间屋就是我们的窝，我们的家。这是我们自己的宇宙，世界的一角，这里给我们遮风挡雨，让我们不受外界的侵扰。

住宅是一个含义丰富的词汇，囊括了多样的提供庇护的空间，从流浪汉的帐篷到居民区的奢华别墅，从郊区的低租金住房到市中心的豪华公寓，从因纽特人的雪屋到非洲荆棘丛林中的茅屋。

居住是指一种在空间中特别的生活方式，这片空间是与个人融为一体的，因为居住空间不仅仅代表着领地锚地，也是 片心理锚地。在这种层面上，没有自己的家甚至代表着无根无着。

住宅于是构成了人类的中心领地、生活空间，甚至是一处私人化地点，我们的私密空间。关于住宅的环境心理学研究极其丰富多样，这些研究既在实验室中进行，也在室外进行。

因此，艾康比－斯米迪（Ekambi-Schmidt）在 1972 年进行了一项经典调查，按照星宿特征这一方法，他得出了住宅作为私人空间、占有空间的诱发力量。他因此得出了不同的形容词：私密、放松、舒适、避难所、庇护所、安全、安静、平静等等。对于这些被调查者来说，相对于居住的客观感觉，他们更愿意表达一些对住宅中高品质生活的期待。因此，这些结果显示了人们对住宅的情感负重，住宅是一个舒适、和平、和谐的地方。

除了上面这个问题，调查还包括了另一个让人感兴趣的问题，即房屋需要有些什么特点。人们于是提到了以下特点，按照重要性排列为：个人化、大、令人感到舒适的、敞亮、欢乐、舒服的、实用的、私密的、令人愉快的等等。

这些结果表明，如果说一些回答更注重房屋的技术层面，如采光、实用性、暖气，大部分的回答还是说住宅是一个非常个人化和私密的地方，是一个可以幸福生活的地方。一个推论性的特点是私有化。这个特点阐明了住宅生活中的另一个方面：一种微妙的辩证，有时是个人占有、家庭成员对特殊空间的控制、对团体空间或其他人私人空间的侵犯，这几者间的冲突。

在这项调查中，就像在其他调查中一样，一些社会心理功能凸显了出来。

首先，住宅在本质上是一个私密的地方。私密性是私人我的设计师创造了奇迹！

空间的主要特质。在这个意义上，物质空间是私密生活的必要支撑。当我们处在公共空间中，个人空间不存在时，这种私密性缩略为我们自己的身体。但是在这种情况下，我们完全暴露在了他人空间之中。私密空间因此是指一处让我们感觉自己像在家一样的住所。家的价值蕴含在住宅的保护作用中和我们对其视为一体的依恋感中。在一些情况下，过渡空间的缺失可以清晰地将内外部分分开，研究者发现，这种缺失会在邻里问题中施加影响。住所除了有庇护、保护的作用，它同样是一处充当方位标、保证稳定性的锚地。

其次，住宅是一处安全之地。这种功能可以培养起人的安全感，因此它不可或缺。因为住宅的安全性，每个人的家居生活不会因为真实或潜在的威胁而搅扰。

阿布拉木·莫尔（Abraham Moles）教授是法国第一位创立空间心理学教学的人，在《心理学家看住宅》一文中，他对住宅的非安全性问题进行了分析，指出了人们可以施加的各种威慑的级别和形式。他观察发现由警察对潜在坏人直接施加的威慑不是维持安全的主要因素：他们的威慑作用取决于他们的存在性和可视性。按照莫尔的说法，补充威慑的标准是在住所四周安排一些进行环境监视、观察、对住宅进行社会控制的人。

对街区及其四周的监视在美国和盎格鲁－撒克逊民族特别流行。邻里联防（Neighbourhood watch）这个概念是指由街区或道路居民对四周进行监视，目的是预防犯罪行为和入室盗窃。在法国，一些被称为"警戒邻居"的类似活动也开始展开。这些事情只是简单阐明了作为安全空间的住宅的功能，它是为了守护我们的安全感。

最后，住宅是社会学习之地。对于每个人来说，它是第一个社会宇宙。住宅中的日常生活在这种层面上是对一些准则和要遵守的界限的学习过程。

住宅就是家？

我们中的大多数都住在一间住宅中，不管是别墅还是公寓。就像我们之前看到的，我们的住宅有一些保护性功能，这些功能让我们感觉舒适，感觉受到了庇护。然而，我们在住宅中有"家"的感觉吗？

在环境心理学中，我们将家（home）的概念和住宅（housing）的概念区分开来。在英国文学中，人们使用home这个名字来指家，在这个保护性的蚕茧中，我们感到了舒适。另外我们还可以在甜蜜之家（sweet home）中找到home这个表达。这种对住宅和家的区分是因为个体对家赋予了心理意义（Moore）。事实上，住宅更是对应了一种物质建筑，而家是一个更复杂的实体。

人们在环境心理学的这一领域做了很多研究。这些研究可以得出这样的结论，住宅只有在居民对其进行心理投入后才成为一个家，人们这种心理投入的目的在于占有住宅，让住宅显示出自己的身份，人们会对住宅感觉依恋，感觉这是自己的根。

就像我们之前提到的，占有这个概念是指对既定个人空间的个人化，并伴有精确标记行为，这种行为是随主体而发生改变的。这是一种机制，通过这种机制，个体在一个空间中，他会觉得这是自己的地方（Moles and Rohmer,1998）。这是一种对空间行动和干涉的基础心理过程，以将这片空间进行改造和个人化。

占有通过布置行为和对空间的象征性标记来实现。物件的存在建立起一种熟悉的气氛，即私密性领地的气氛（Serfaty-Garzon）。同样，家具也可以用作确认个性和归属感（Lassarre）。

通过这种占有过程，环境对身份这个表达起到了作用。事实上，个人居住的空间参与到了其身份建构的过程中，空间需要显示其占有者的个性（Manzo,2005）。住宅空间可以使居住者确认其身份，并将这种身份进行发展。住宅是个人的反映，这一想法让个体觉得换个住宅或者将住宅改头换面会改变那些让他们不满意的东西。一些人同样强调改变住宅是为了追随居住者个性的内在改变。布置是对住宅的一种自恋性投资，这种投资被认为是一种自我的延伸。从精神分析的角度上来讲，研究者通常会强调"我"的概念和"家"的概念之间的接近性（Cooper- Marcus, 1995）。

一些研究因此强调人们可以将生活空间想成个性不同结构的象征（Cooper）。客厅可以被认为是我们戴着的社会面具。这个房间代表着个人想投射给其他人看的自己身份的迹象。其他的房间，尤其是卧室，则反映出了私密性。

在其作品《房屋，自己的镜子》（House as a Mirror of Self）一书中，库伯 - 马尔克斯（Cooper-Marcus）通过人生故事阐释了个人和其房屋的特别关系。在书中，他指出在离婚后，持有夫妻房屋的丈夫怎样在其中投射了所有的心理脆弱性；生活的断裂（分离、孩子的离开）会怎样导致生活空间的重新布置同时对自我身份的再次怀疑。

所有这些研究都是在强调，建立一个家并不仅仅是有一个房子就够了的。事实上，家被认为是个人拥有的一片空间，这片空间反映了他们自己的身份，在这片空间中他们感到舒适且有了自己的根。

为什么汽车就是我的"家"？

就像我们之前看到的那样，如果在这片空间中，我们有了回家的感觉，这意味着我们对这片空间中进行了心理投资，已将之占有并对其依恋。然而我们并不总是以相同的方式对我们的住宅进行投资。我们有可能住在一处我们并没有家的感觉的住宅中，也有可能在自己房子之外有身处家中的感觉。

举个例子，你们肯定已经见过这样一种车，它的驾驶舱就像一个真正的生活空间，里面有食物，有水，有衣服，有信件。一些研究就是关于汽车空间的，目的在于了解人们可以在多大程度上把车建成一个家。

2006年，两位研究者杜波瓦（Dubois）和莫什（Moch）想探索那些可以使人将车看作自己家的因素。为了达到这一目的，研究者进行了两百人的调查，一方面询问他们一些关于他们的住宅和汽车的问题，另一方面对他们的汽车进行观察，以发现那些对汽车进行占有的个人物品的存在。

调查结果呈现出了两种形式的如家般的车。

第一种形式，更女性化，这种形式将汽车看作住宅的移动延伸，这种延伸可以让人保持一种家的感觉。汽车是一片熟悉的空间，热情的空间，让人安心的空间，一定程度上是一种可携带的个人领地，一片移动锚地，让人可以在各种领地中找到一片熟悉的地带。一方面，汽车对于司机来说是一片锚地，一个他可以占有的避难所；另一方面，汽车可以让人在公共空间中行进和游荡。

因此，汽车和住宅代表着两个互补的实体。最后，汽车同样被看成在我们的两种角色间的过渡空间，尤其是在我们的住所和我们的工作地点之间的过渡空间。从行为角度来看，我们可以观察到一些人在方向盘前剃胡子或化妆，另一些人打电话或者填表格。

第二种如家般的汽车则更加男性化，强调一种非常强烈的领地投资。汽车在这里是一种具有强烈情感共鸣和身份归属感共鸣的空间。这片空间是一个避难所、一处私密的地方，一种身份支撑，在这种身份支撑中，空间给予了一种地点的自我表达，并且让占有者拥有了一片真正属于他的空间。这种强烈的投资可能在那些没有真正在自己的屋子里有家的感觉的人中发生：他会对自己的汽车充分投资，让汽车给自己提供可以自我封闭的私密性领地。这种情况还可能在那些没有自己房屋的人中发

亲爱的，我去地下室给咱们找瓶好酒！

生，比如那些还住在父母家的人，在车里他们可以做在家里不能做的事。如家般的车提供了一个可以掩饰住宅不足之处的空间。第二种形式强调了人与住宅的一种未定关系。

这项研究强调人可以在房子之外建立一个家，汽车因此可以代表一种移动的家，它既可以是一片让人觉得亲切的锚地，也可以让人去游荡，去探索未知的空间。

"今晚我睡沙发"：家，甜蜜的家

如果房屋或者住宅被认为是我们的家，我们的窝，我们的避难所，当不和产生，当冲突降临，它们有时候也被看作战场，空间直接成为以下现象的组成部分：一个人睡房间，另一个人睡沙发；一些曾经我们共处的地方，比如说厨房或是客厅，一个人只有在另一个人不在的时候才去，空间被分别使用了。

这些就是家庭争吵中的症状，这些症状通常通过个人与住宅空间关系的改变和颠覆呈现出来。

两位美国研究者，巴克尔（Bakker）和巴克尔－拉布丹

（Bakker-Rabdan）在 1973 年阐明了夫妻生活中领地运转的作用。正是通过观察领地行为，他们指出了夫妻矛盾的一些特点。

这种人类领地性模式被心理学家加以引述。

万斯汀瓦根（Vansteenwegen）既是一名心理学家，也是一名性学家，他在 2006 年指出，对于一对夫妻来说，领地的问题与一种事实紧密相关，这种事实就是每个人都找到且拥有了自己的位置，每个人都能对自己的空间进行投资。在这种角度上，对领地的划分代表了一种夫妻生活的表达：属于个人的领地到底有哪些？在这种意义上，夫妻没有必要分享所有领地，得建立一些界限，固定起一些边界，每个人都有一片被另一个人尊重的个人空间：这片空间可以是一个办公室，另一个地方，一个衣柜，甚至只是一个手包。这种作为夫妻生活模式的占有空间方式关系到日常生活的运转，从桌边的位置到"我该睡床的哪边？"

在其对夫妻紧张关系和冲突的分析中，万斯汀瓦根观察了夫妻冲突情形中领地运转的完整倾向（prégnance）。这种完整倾向尤其会通过自我肯定的行为表达出来，这种自我肯定在夫妻对某些事物施加自身影响的方式中起到了重要作用。这是一种完完全全的心理性空间，这种空间表明夫妻生活中的冲突行为可以由两者的领地状况来解释。领地状况尤其会在夫妻之间产生矛盾时显现出来，比如说当夫妻中的一方想找个地方一个人静静的时候。这个地方对于男人来说可以是办公室或者是木工房，或者他可能将报纸带进厕所，以便静静地读读报。对于女人来说，这个地方可能是浴室，她会在浴缸里待更久的时间，因为这时她是一个人，并且舒舒服服的。

这些行为似乎指出了"避难所"的重要性和价值，在这个地方我们可以随心所欲而不被另一半或者其他家庭成员打扰。但是这种避难所也可以对应一些情况：比如，妻子或是丈夫在看电视的时候。这可以是一种避难情况，在这种情况中，空间的物质维度被一种行为替换，这种行为的目的在于传达一种私密性的信息。在这一主题研究中，万斯汀瓦根观察了一些因为疏离、孤立对方而产生矛盾的夫妻。

在这种视角下，他认为这种个人心理空间应该得到考虑。这种空间由行为和关系表达出来，这些行为和关系中，一个人对另一个人的关注代表了心理空间的一种模式。每个人都在一些时候希望得到另一个人完全的关注，希望他能在自己身边。万斯汀瓦根在这一点上介绍了一个可以给人启示的例子，他对数百对夫妻进行观察，在这些夫妻关系中都存在着因为电视选台而产生的紧张和矛盾。

在对这些夫妻关系进行诊断的时候，他通过观察发现，这种类型的矛盾会通过妻子的恼火表现出来，丈夫每次下班回到家，坐到沙发上打开电视，丝毫不关心妻子，妻子就会发火。

妻子的愤怒是向丈夫传达这样一个信息，她想让丈夫看她而不是看电视。在这种情况下，电视机成为冲突的空间，这种冲突空间传达出了一种生活形式和夫妻关系形式，在这种形式中妻子觉得自己不再入丈夫的眼，这种形式在这里构成了夫妻关系中我们是否对另一半关注的显影。

如何处理这类冲突？万斯汀瓦根意识到他们从不会因为一起决定少看电视而感到高兴。矛盾真正的解决方式是他们开始愿意给彼此更多的关注，留出一些时间用来彼此共处，在那些时候关掉电视、广播，将时间用来互相说说对彼此重要的事情。

巴克尔（Bakker）和巴克尔－拉布丹（Bakker-Rabdan）的领地使用模式是一些夫妻矛盾解决方案的基础。我们首先要让夫妻学会进行领地分析：哪个人是问题所涉及的主人？哪种行为是有问题的？夫妻冲突于是被认为是一些人们所要求或所守卫的领地和边界冲突。事实上，这些都是有关夫妻关系运转的愤怒和拒绝的表达。领地冲突通常是夫妻实际分开第一阶段的征兆。最有力的表达方式就是，夫妻一方决定睡沙发或者分房睡。而分离的空间标志了夫妻关系的新阶段。医生能够帮助夫妻互相交流，这些交流会让夫妻采取一种新的关系模式，这种模式是建立在对对方心理空间的考虑之上的。

为什么我们不愿意换一个街区住？

你们可能已经从一些人那听说他们想找一个新房子，但是他们绝对还是想待在自己的地区，自己的城市，甚至还是那个街区，那条路。或者另一些人拒绝了一个新工作，是因为这个新工作会让他们搬家。我们观察到一些人不愿意离开他们生活的地方去其他地方开始新生活，他们更愿意待在熟悉而亲切的地方。从心理学的角度来看，我们可以说这些人依恋于他们生活的地方，不愿意与之分离。

心理学的不同研究者都对地点依恋这个概念感兴趣。这是一个表明人与既定地点之间正面情感关系的概念，一个对地点情感进行投资的概念，一个与特殊地点情感或认知联结的概念。

更广泛地说，我们认为地点依恋这个概念的主要特点是保持对附近地点依恋的欲望，英国精神病专家、精神分析学家约翰·保尔拜（John Bowlby）在 1969 年、1973 年、1980 年对母亲与孩子之间依恋的研究中都指出了这一点。

将这种特点融入广为人接受的定义中后，海达尔格（Hidalgo）和赫尔南德兹（Hernandez）提议将地点依恋定义为"个人与既定地点间正面情感联系，这种联系的主要特点是个人倾向于待在一个地点附近"。

但是即使我们承认人们可以对一个地点产生依恋感，关于这一主题的研究却很少。大多数人只是对社会环境感兴趣，认为社会环境反映了对居住于此的人的依恋。然而到底什么是人对地点的依恋呢？

2001 年，两位研究者海达尔格（Hidalgo）和赫尔南德兹（Hernandez）曾想探索地点依恋的多种维度，了解对房屋的依恋，对邻里的依恋，对城市的依恋。他们的目的是区分我们对生活空间依恋的不同层次，从最亲密（住宅、房屋）到最广阔（城市），同时测出一些社会－人口变量对依恋的影响。为此他们调查了 177 名住在西班牙特纳里夫圣克鲁斯的居民。他们的研究得出了许多有意思的结果。

首先，他们得出那些被调查者总体上更依恋于他们生活的地方。然而，一些不同出现了：人们总体上对自己邻里的依恋度不如对自己房屋或者城市的依恋度强。

其次，他们发现一些社会－人口变量会调节依恋层级。相对于男人，女人对房屋、邻里、城市的依恋度更高。他们也发现人的年龄和依恋感呈正相关关系：人年纪越大，他们的依恋度越高。

最后，一些更深入的分析让他们发现了关于年龄更微妙的结果。相对于房屋或邻里，年轻人（小于30岁）更依恋他们的城市，中年人（31岁~49岁）却恰恰相反。然而对于那些年纪大于50岁的人来说，他们对自己的房屋、城市、邻里有相同的依恋度。

这些不同的研究让人可以了解人对生活地点的依恋感，不管这些地方是住宅、城市或是街区。在更广泛的意义上来说，我们可以加上地区这一层面。这种依恋感让人可以更好地理解一些人不愿意离家的原因。如果有一个人说"我不愿意离开，这是我的家乡"或"街区"，我们就全都懂了。这种主有形容词（法语语法术语，这里指"我的"）的使用强调了人在一个地方对"根"，对"港湾"的需要：通过这种方式，"一个个体将一个地方转变成了一个港湾"，一个他因为感觉好而想返回的地方，一个人需要对一个地方（他的房屋，他的街道等等）有归属感。

为什么要避免一个房间住太多人?

你可能听别人说过，他们的房子太小了，孩子没有自己的房间，住得太挤了。这种情形在环境心理学上对应两种概念：居住密度和拥挤感。居住密度意思是一个房间中的人数，而拥挤感指的却是因为拥挤而产生的不适感。因此密度是一种客观尺度，而拥挤感是每个人在这种密度下的主观感受。虽然这两个概念常常联系紧密，但并不是一贯如此：一些人一个人在三居室里就会感觉很挤，而另一些人即使六个人住在同样的三居室里也会觉得舒服！

关于成人和孩子的研究表明居住密度过大和拥挤感可能会给个体的健康带来有害影响。

1989 年，伊凡（Evans）和其同事在印度进行了一项研究，以测量居住密度对精神健康和社会支持的影响能有多大。他们将住宅中的人数与房间数相除以计算住宅的居住密度。另外，这些被调查的对象被邀请回答两个问题，以让研究者能了解他们的拥挤感。他们需要回答他们现在的住房是否有足够的房间，相对于他们家庭的需要，他们的住房到底小了多少。最终，这些人被邀请进行问卷调查，以测试他们现存的不同心理和社会支持等级。

他们总共调查了 175 名男性家长。居住密度从两间房一人到一间房十一人不等。实验者之后确定了三种类型：低等密度（一个房间少于 1.6 人），中等密度（一个房间 1.6 至 3.25 人）和高等密度（一个房间多于 3.25 人）。

调查结果显示住在高密度住宅的人会更多地说自己没有足够的房间（58%）和房子太小不能满足他们的需要（58%），这是相对于低密度住宅的人（分别是 31% 和 24%）和中等密度住宅的人（35% 和 42%）来说的。

一项关联性分析显示居住密度与精神健康问题和社会支持之间的显著联系。居住密度越高，心理混乱就越严重（图 4.1），而个人从其四周获取的社会支持（图 4.2）就越少。

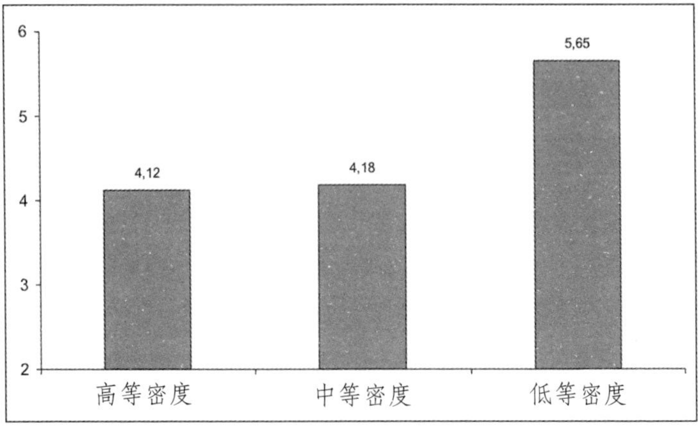

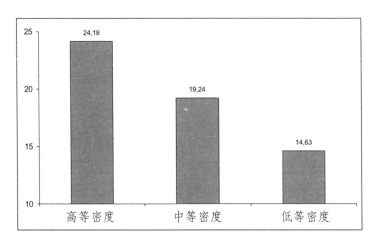

图 4.1 心理混乱等级

图 4.2 社会支持等级

那些住在高密度住宅的人有着最多的心理混乱，而获得的社会支持是最少的。

实验者还发现一个心理学上的经典结果，社会支持与心理混乱呈负相关关系：个人越是获得社会支持，他心理混乱的概率就越小。

最终，通过回归分析，实验者发现了这样一项事实，在控制收入水平和教育水平这两个变量后，心理混乱与居住密度和社会支持关系明显。相反的是，当控制社会支持水平这个变量后，居住密度和心理混乱之间的关系却不那么明显了。实验者因此得出，社会支持在居住密度和心理混乱中充当了一个中间人的角色，也就是说居住密度对精神健康的不利影响部分归因于社会支持的减少。

居住密度高不仅仅会带来拥挤感和不适感，它还可以对精神健康施加影响，比如说会让人感到压力大、焦虑、悲观等等。

没有固定居所该如何生活？

一些人是流离失所的，而关于这些人的社会学和社会人类学研究给人在失去生存空间方面提供了启发。

《关于无家可归者和住房排斥的欧洲类型学》（*European*

Typology on Homelessness and Housing Exclusions）一书中的 SDF 一词，在法语中一方面是指没有住房，另一方面是指流浪和不得不睡大街。它是指那些没有居住地点作为私人空间的人们，而这些人只能在公共空间中生活。

关于这个问题我们可以从这些调查中得出些什么呢？

在关于无家可归人的研究中，2002 年比雄（Pichon）的研究囊括了对在圣艾蒂安地区和波城的流浪汉的近距离观察。

第一个发现在于，当我们没有居所、没有家的时候，我们的生活是不安定而贫穷的，我们会与慌乱、孤立、排斥相伴，与家庭失去联系。居无定所会完全摧毁一个人和其自我空间的联系，而这种稳定的自我空间本是可以保证其内心的安宁的。这种情况使流浪汉不得不去寻找短暂的居所：这些住处转瞬即逝，它只能提供一种相对的安全感和只能应对生存的宽慰。

比雄记录了流浪汉的三种住处，而这三种住处因为两种标准而不同：住处所提供的保护和住处带来的私密感。首先，露天居所。这是最不稳定的模式，因为它极其不安全，布置也非常简陋。这种居所可能由最简单的材料搭建起来：流浪汉会用纸盒或回收材料及其他一些日常物品御寒：如塑料袋、超市购物车等等。所有这些东西的目的都是为其领地划界限，并以一种微不足道的方式来指明一片私人领地的存在。

　　在这种极端的住处之中，身体成为最后的私密之处，一片属于自己的地方。尤其是裹在身上的一层层的衣服，这些衣服成为流浪汉对抗周边危险的最后保护、流浪汉自我生存的极端包裹形式，而且到哪儿都穿着这些衣服。在这种居所生活的人大多数都有极度贫困的经历。他们在公共空间，也可能在大楼的地下室，门廊或者车库住一晚或是几晚。

　　另一种居所通常是在有屋顶的公共场所构建的有顶居所。它得遵从一些限制：开门和关门时间，过路人的目光，这些地方可以是地铁站或者火车站等。

　　第三种暂时居所是封闭居所。最有名的例子是非法占用空屋。这种居所有一种极其特别的住所特性：这是一片几乎私人的空间，这片空间可以成为流浪汉进行投资的私密空间。事实上，暂时居所最被人看重的特质就是它成为私密住处的可能性。非法占用的空屋看起来也是一片可以居住的空间，并且最像一片私人空间。这种特质让这片空间尤其宝贵，所以流浪汉会尽可能地保护这片领地的私密性，防止其他人入侵和消息走漏。非法占用空屋带来了一种新的安全形式，给人带来了稳定和舒适的感觉，即使它是简陋的，但是让人不用再住在那些转瞬即逝、风险极高的地方了。

　　这些关于流浪汉短暂居所不同形式的观察让人得出了拥

有住所和保持个人身份这两者间存在着至关重要的互相依存性。在此，我们能更好地理解一些流浪汉暂时的住所无法满足其在住所中保持自我这一必要层面上的需要，而保持自我对人类的生活是必不可少的。

事实上，流浪汉对住所的寻找是以一种需要为中心的：找到一处尽可能私密的地方，以远离其他人侵略性的目光。那些纸盒、毯子、睡袋并不仅仅是御寒避雨之物，而是一些屏障，即使是微不足道的，也能抵御其他人的目光。但是找到一个可以带来私密感的地方，也是一种抵御他人威胁的保护。这种居住方式让我们最终得以了解居无定所的经历对人的心理层面会有毁灭性的影响，因为这种居所不再满足人类的基本需求。在不同形式的暂时居所中，只有那些可以在晚上充分给人提供庇护的地方才可以保持住自我。

比雄在 2002 年关于流浪汉经历的记录阐明了一些数据：

"弗朗索瓦将电力公司在巴黎市中心的一个大橱柜改造成了自己的家，这个壁橱在人行道边上，面对着高速公路十字路口，离地铁和一条废弃的铁轨不远。他因此找到一处私人空间，并且小心地给它上了锁。在橱柜内部，他挂起了自己的衣服，放置了自己的日常用品，还勉强塞下了晚上可以在上面蜷缩入睡的沙发。清晨，他难过地离开高速公路旁的这个"无人岛"，在不远处开始乞讨，他有时在市场里给人帮个小忙，还有了一些熟人。弗朗索瓦的生存状况极其恶劣，当四周的声音震耳欲聋的时候，这片私人空间变得比一个监狱隔间还要小，但是弗朗索瓦仍试图用一些废弃的建筑材料构筑自己住处的内外边界，这让他疯狂。在急救处待了些日子后，他最终被送进了精神病院。"

我们不是所有人都像流浪汉那样倒霉。短暂住处的例子让人们得以明白私人空间的根本价值。

住在因纽特人的雪屋里还是住在非洲丛林中？

我们居住的方式是我们对住处所观所想的反映。在这一层面上，不同社会和文化会有什么不同吗？如果有不同，有什么不同？

人类学家通过数年的研究阐明了居住存在多样形式，这种多样性是由很多原因造成的，在这些原因中，人类学家强调了空间的社会文化使用的重要性，尤其是房屋的社会文化使用的重要性。

爱德华·霍尔（Edward Hall）曾是美国西北大学的人类学教授，他因为其空间文化人类学的研究工作而知名，并著有两本已翻译成法语的经典著作：《无声的语言》（*Le Langage* silencieux）和《隐藏的空间》（La Dimension cachée）。在这两本书中，他通过两种模式探讨了空间问题，空间问题既是一种交流模式（在此他同时指出了语言和文化之间的关系），也是一种社会文化秩序空间的使用方式。他创造了 proxémie 一词，去指代与人类使用空间相关的所有观察和理论，而这个空间是作为特殊文化产品来说的。从这个观点出发，霍尔强调 proxémie 只是传递了人类和这种文化维度关系的一个方面，这些关系表现为人与其环境间互动的复杂网络，这是因为环境可以构建出人类生活世界的全部。而住所是一种恰当的诠释。

阿莫斯·拉波波尔特（Amos Rapoport）是威斯康星大学的教授，他因为完成了对人类居所的人类学资料搜集工作而变得知名。通过大量实例，他发现了一些社会文化因素的价值和意义，并同时指出并不是诸如吃或者睡这些基本需求决定了居住的方式，而是对这些需要的满足类型，如我们怎样吃，怎样睡，这种属于文化秩序的类型决定了居住方式。拉波波尔特因此得以指出居所的构建，居所的形状，居所的布置都是一些文化现象。

对于拉波波尔特来说，为了探讨作为在既定环境中特殊世界观反映的居所，应该要考虑到文化的特殊性，也就是说一个群体或是一个社会对生活（信仰、家庭地位、社会组织、人际关系）的看法。

我们有很多埃及游客!

　　通过在迥异的文化中进行的观察和研究，拉波波尔特得出了一些影响居所建造和布置的文化因素。这些因素中，家庭观念、住宅中女性的位置，私密性的价值值得人留意。

　　在不同的文化中，家庭结构有很大的不同，这种家庭结构显现在家庭空间的布置和形式中。第二个文化因素是女性在居所的位置。她在家庭中被赋予的角色会直接反映在空间的组织上。第三个文化因素是私密性的价值，这一因素也会在不同文化中和不同布置空间的方式中得以显现。

　　在这一领域的人种学研究极多。几个经典的例子可以阐明我们的说法。

非洲传统社会中的居所是诸多研究和观察的对象。关于喀麦隆人民的住所的研究工作可以在这里提供支撑。首先，研究人员发现了数量众多的民族，其中一些是穆斯林，比如说富尔贝族，而其他一些民族不是，比如是哈贝族或是莫弗族。这种差异显现在了家庭结构中，一些民族是一夫多妻，一些是一夫一妻。然而这两种家庭组织形式直接反映了在对空间不同的布置上。虽然说所有的住所都拥有一些相同的特性（男女分居，大门只有一个，有围墙和被保护的粮仓），但是住所的布置却非常不同，在富尔贝的一夫多妻制家庭中，男人的位置在茅屋的中间，其家庭地位可见一斑。女人被安置在其周围，每一天男人都会去一个不同女人那里（图4.3）。然而，在一夫一妻的莫弗族家庭中，茅屋的中心被妇女和孩子所占据，周边空间才是属于作为家长的男人的地方（图4.4）。

我们现在要去往一个相反的方向，一个极北的地方，加拿大的北极，去观察因纽特人的房子，雪屋。我们会从这种居所类型中学到什么？那是一个非常干燥寒冷的世界，从前对雪屋外在形状和内在结构的描述给我们关于这种居所的文化意义和有价值的信息很少。除了遮风挡雨外，雪屋应该也是一种从文化上定义的休息居所类型。

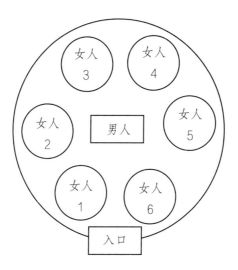

图 4.3　富尔贝族茅屋结构图（一夫多妻制家庭）

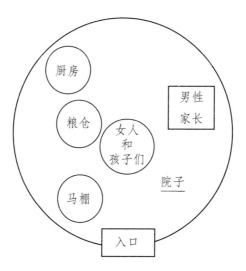

图 4.4　莫弗族茅屋结构图（一夫一妻制家庭）

米歇尔·泰瑞恩（Michèle Therrien）的研究给这一维度带来了很大的启示。她观察发现因纽特人将住所看成自己身体的形象，从这一观察出发，她研究发现 igloo 即我们所称的雪屋这一单词的词汇系统是人类身体的一种隐喻（图 4.5 和 4.6），她同样发现因纽特人用身体的各部分命名雪屋的不同位置。雪屋在内部是一片开放的空间，既没有门也没有墙。雪屋因此是一个圆形的大房间。每一个区域都有一个特别的名字，每一项活动根据占据空间的特殊模式进行。

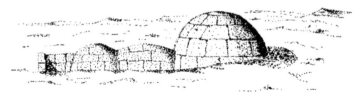

图 4.5　雪屋侧面图

通过分析因纽特人用来代指雪屋主要部分的词汇，泰瑞恩认识到女性身体部位成为辨别住所的方式。换句话说，因纽特人用来指明雪屋不同位置的词汇跟代指女性身体不同部位的词汇是一样的。

在雪屋内部，igliq 指用来当床的平台。然而在因纽特语中，这个词也指子宫，即女性内部的小床。对于泰瑞恩来说，雪屋和女性身体的相似是非常有意思的。在雪屋里，门廊对应女性的阴道，内厅对应女性的肚子。身体的词汇和住所的词汇是一样的。如此，雪屋让人有了在女性身体内部生活的体验，因为女性的内部构造跟住所是一样的。

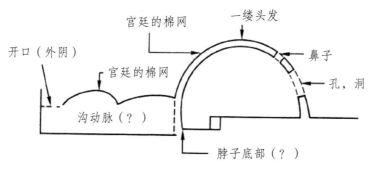

图 4.6　雪屋切面图

除此之外，作为补充，因纽特人会将宇宙看作是房屋，就像他们会将房屋看作是身体一样。Qilak 这个词既指天空中的纵横也指房屋的横梁。就像房屋的建造是空间中人类身体的再现一样，天空以相似的方式再现了雪屋的凹陷和球状造型。对于因纽特人来说，雪屋不同位置的名称和天空不同部位的名称是相似的，以一种一一对应的形式存在，雪屋是一处用星星代表窗户的居所,是逝者灵魂的居所。这一片神圣的土地常被称为"天空之地"。在雪屋之中，人身体的形状被铭刻在了空间中，这种对住处的呈现方式和对宇宙的呈现方式表明了地面世界和天空世界的一种同一性。这种同一性显现了它们之间的 一种流动性，一种沟通，这种沟通通过星星展现出来：北极星也被称为"天空之洞"。

雪屋的例子重建了一种对于我们来说完全不熟悉的居所概念。然而，它让我们发现雪屋在这种文化中是人类身体的空间化表达。

雪屋和人体之间建立起了一种相似性，而雪屋就是对这种相似性所呈现出的生活的形式。

老人想去敬老院吗？

去敬老院生活……对于很多老年人来说吸引力并不大，因为他们希望能尽最大可能避免甚至拒绝这一选择。然而，对于一些老人来说，这是一个深思熟虑而有意为之的选择。但是为什么一些人选择了去敬老院而另一些人却完全不愿意去呢？

一些研究者试图给这一问题提供解答。

2007年，通过与住在敬老院的老人进行交谈，伊莎贝尔·马龙（Isabelle Mallon）试图寻找他们到敬老院生活的原因，她将这些人分为了三类。

第一类选择去敬老院的老人将这件事情看作他们人生的转折点，一个需要跨越的阶段。这些人通常找到了将他们之前生活和新生活连接的方式，不论是在物质层面上，还是关系或是象征层面上。她发现这些人通常会选择一所离家近的敬老院，这样会使他们更容易与家人和朋友维持交往。这些人还是会保持一些生活习惯，这样可以避免在旧生活和新生活之间出现太大的差异。因此，他们选择了到敬老院生活，这个新环境被他们认为是新的生活环境，这种想法让老人的适应性大大增加。这些老人带来了自己的家具和装饰品，他们的亲人也帮助他们进行入住。

第二种类型的老人有着不同的动机。他们希望与之前的生活有个了断，能再次出发迎接新生活。她发现这些人通常孑然一身，或者之前的生活之路崎岖不平，他们因此希望能结束这种混乱的生活。作者举了个例子，一位女性希望进敬老院的原因是她再也不想跟总是醉醺醺的伴侣过日子了。他们选择或接受的敬老院可以离之前的住所很远。她观察发现，这些人基本不会带来个人物品，却会再买很多新东西以进入一种新生活。

第三种也是最后一种类型的老人是经历生活变故（疾病、残疾、丧偶……）之后来到敬老院的。这些人可能是一些在事故后生活不能自理的老人，他们在医院或再教育中心待了一段时间后来到了敬老院；或者是一些配偶去世，不能继续独立生活的人。多个例子都有一个共同点：他们遭受了生活中的断裂，通常是突然的断裂。进入敬老院是之前生活断裂的又一次断裂，这种连续的断裂可能会给个体健康和个体身份造成不利的后果。敬老院通常都是在紧急状况下找出来的，这一方面意味着他们在精神上不可能做好准备，另一方面意味着他们之前的生活被连根拔起，这些人不再有家，其社会网络也被剥夺了。但不幸的是，大部分生活在敬老院的人属于第三种。

这项研究因此强调人们会因为三种不同原因选择进入敬老院：这可能是作为生活转折点的选择，一种与旧生活了断的选择，或是因为事故而不得不选择的断裂。

在所有情况中，进入敬老院意味着适应一种新的生活模式。人必须从独自生活或是夫妻生活中走向集体生活，从私密的生活空间走向一个机构化的生活空间。

在敬老院会有家的感觉吗？

离开家去敬老院生活对于一个老年人来说可不是小事。另外，许多人对于这种想法是持保留态度的。即使是当身体原因或是失去生活自理能力让这个决定势在必行，大多数人也不想离开他们的家，他们会说"这是我的家"或者"在这里我觉得挺好"这些话来支撑自己的想法。但是为什么这种生活的转变会让人感到恐惧和困难呢？

通过对个体和其生活地点发展出的联系的特别关注，环境心理学家带来了一些回答。事实上，住宅不受限于物质上的墙壁：它代表着一片对于其居民的优先空间，他们对此依恋，这片空间反映了他们的性格和身份。因此我们会将其称为"家"。在一片我们为之依恋和感觉舒适并可以占有的空间中，我们会有家的感觉。

在环境心理学中，占有这一概念传达出一种将某物调试为特定用途物品的想法和将某物占为己有的想法（Serfaty-Garzon）。为了占有自己的住宅，一个人会通过布置物件、装饰，以试图将这片空间个人化，并标出自己的领地。家因此是一片个人化的空间，它对占据者来说意义重大。

去敬老院生活的问题因此可以从占有的角度来考虑。事实上，老人需要离开自己的家去一个对他来说完全陌生的环境生活，所以他需要将其占有，在其中感觉舒适并对其依恋。

2008 年，丽莲娜·瑞由（Liliane Rioux）为了弄清楚老年人是否适应了敬老院的新的生活空间而进行了一系列研究，并关注了这些人对新环境的空间占有和领地占有。空间占有对应了个人对一片空间产生依恋和认同一片空间的过程，它代表着一个人对其住所进行的情感投入。领地占有对应个人确认掌控一个地方的过程，并表现为将这个地点个人化的标记行为（布置的选择，装饰的选择，物件的选择……）。

在 2000 年瑞由和弗格罗（Fouquereau）的第一项研究中，她们对 102 位（28 位男性和 74 位女性）67 岁到 98 岁（平均 86.5 岁），住在同一所敬老院至少六个月的老人进行了半指导式的谈话。她们关注了老年人话语中所有格的使用，这些话语既涉及到了其之前的住所，也涉及到了敬老院现在的房间。她们尤其关注了老人对其房间物品的描述，以区分出哪些属于敬老院的物品，哪些属于自己的物品（在进敬老院前后获得的物品）。如果这个人在 75% 的情况下提起该空间或物品时使用主有形容词，那么她们就认为该空间或物品属于个人。

结果显示了三种空间占有模式。在受访的 102 人中，18 人继续占有之前的住所，却没有占有敬老院的房间，22 人在占有之前住所的同时占有了敬老院的房间，62 人只占有了其现在的房间，他们谈论起过去的住所就像在说过去的事一样。

关于领地占有，其结果显示 28 人只占有了那些属于他们的物品：其中 14 人只占有了他们进敬老院之前的东西，另外的 14 人占有了他们进敬老院前后的物品。她们同样发现有 40 人从未占有过他们屋子里的物品，无论这是他们自己的东西还是属于敬老院的。最后，34人拥有了房间中三种类型的物品：到敬老院前，到敬老院之后的物品和属于敬老院的物品。

这些结果最终表明了空间占有和领地占有之间存在着一种联系，这让人得以区分出活在过去和活在现在的老人。事实上，那些只占有来敬老院前物品的老人同样是那些不对其房间进行情感投资的人：在情感上，他们依旧住在之前的地方。相反的是，活在现在的老人是那些对其房间进行情感投资的人，并且拥有了所有的物品。

这些不同的研究（Rioux et Fouquereau；Rioux）让人得出这样一种观点，对敬老院的适应要经过一种在空间和领地上失去－再次拥有的过程。事实上，为了占有其新的生活空间，即敬老院的房间，老人首先要失去其老房子，不再对其投资。他需要在一定程度上埋葬他的旧居，以对其新房间进行投资，并在此进行自我投射。这种转变因人而异，大多数人都要经历从失去旧住所到占有新房间的连续体（continuum）过程。

因此去敬老院不是一件舒服的事情。对这个新的生活空间的适应不是自动的：不是搬个家就可以立刻翻篇然后在新房间里感觉到舒适的。这种适应要经过一种复杂的心理过程，这种过程对于老人来说，不仅包括对其老房子进行埋葬的过程，也包括对敬老院里的房间进行占有的过程。

建造与在别处重建

在一些情况下，人们可能会突然失去自己的住所。自然或工业灾难会给基础设施和住所带来巨大的损失。

无数的研究都强调了这种事件对受害人健康的不利影响。但显然的是，同一件事对不同的受害者影响是不同的，每个人的反应也不同。在这一领域不同的研究让人得以分辨一些脆弱性因素，其中的一种脆弱性因素是与受害者的乔迁相关的。

2008 年，多德雷（Dodeler）和塔基尼奥（Tarquinio）两位研究者对矿井塌陷的受害者做了研究，这次矿井塌陷对基础设施和居民住房造成了重大损失，这让一些受害者不得不最终离开旧居，到别处进行安置。研究结果表明，遭遇这类事情会对人的健康产生很大的危害：相比其他普通人，这些人会有更多的心理混乱。然而，在这些受害者中，那些搬家了的人遭受的心理混乱最多。在交谈中，那些搬家的人对于房屋的损毁和失去表达了强烈的痛苦情绪。

因此，失去住所似乎是一个加重在自然或工业灾难后心理混乱的因素。但是这些因素是如何起作用的呢？这些受害者是如何看待他们房子的呢？对于这种损失，他们作何感想？

一些研究者关注了 1996 年 7 月发生在加拿大萨格奈 - 圣让湖（Saguenay- Lac-Saint- Jean）的洪水对撤离人口和安置人口的影响。通过一种量化方法，他们研究了该事件对受害者精神健康和对家的看法的影响。他们同样试图探索这两者之间的联系。

这是一项在事发两年后进行的调研性研究，研究者与灾后失去房屋和所有个人财产的 69 人进行了交谈。调查结果显示 42% 的人认为他们的健康在洪水后恶化了，36.4% 的人的身体出现了新的健康问题或疼痛。

这些人平均连续换了三个地方住。在洪水发生时，92% 的人在亲戚家住下，8% 的人被安置在了集体收容中心。后来，在意识到他们不能回家之后，大多数人（72%）选择了一个临时住所，或是旅行汽车，或是出租的公寓，最终搬到新的地方去。在搬家之后，受害者谈到的困难主要集中在三个方面。身体上：疲劳、健康状况恶化；心理上：焦虑、压力、抑郁、恐惧、失去安全感、失去私密感和家的感觉；关系上：来自于一些机构、社会网络、老板的不理解，家庭矛盾、离婚、社会支持的幻灭。

关于对家的看法，研究者既关注了他们对老房子的看法，也关注了他们对新家的看法。交谈结果凸显了人们对两个家非常不同的情感体验（表4.1）。

表 4.1 对于老房子和新房子灾民体会到的主要情感 (Maltais et al.)

	灾前阶段的正面情感	洪水后的负面情感
老房子	生活幸福、快乐（55%） 浪漫和美（40%） 融合（25%） 爱和挚爱（20%） 舒适（15%） 安全（15%） 安宁和亲密（8%）	悲伤（58%） 思乡、无聊和悔恨（54%） 葬礼和死亡（42%） 痛苦和艰辛（32%） 无力和屈从（30%） 对生活计划的幻想破灭和虚无（23%） 毁灭和灭亡（22%） 愤怒和疯狂（15%）
	正面情感	负面情感
新房子	舒适和品质（20%） 安全（15%） 安康和自由（12%） 效率（12%） 安宁与平和（12%） 快乐（10%） 互助和慷慨（8%）	困惑和陌生（28%） 失去个性和冷漠（18%） 强迫、不安全感和贫穷（11%） 丧失（10%） 转瞬即逝之感（10%） 悔恨和屈从（9%） 害怕和恐惧（8%） 孤独（6%） 匆忙（6%）

* 回答者可能会表达不止一种情感，因此百分比总和可能会超过一百。

因此，我们发现在洪水前，老房子只与正面情感联系在一起，只有在失去之后，这些情感才转为负面。超过半数的人（55%）会将他们的老房子与生活幸福与快乐相联系。老房子同样被认为是一个舒适的地方（15%）、安全的地方（15%）和宁静的地方（8%）。而失去的房子被灾民认为是自我完成的结果，是诞生在他们手中的作品。老房子代表着一种"最终实现的梦想"，"我们的一部分，和我们相似的地方"。研究者得出结论，老房子增添的价值是人们对其怀着的回忆。

在洪水之后，房子的失去给灾民带来了悲伤（58%）、思乡、无聊和悔恨（54%），剥夺和失去（35%）、痛苦、艰难（32%）、屈从（30%），生活计划的毁灭（23%）和气愤（15%）。

新房子却与旧房子的形象非常不同，主要呈负面化。即使新房子给人提供了安全感（15%）、舒适感（20%）、安康（12%）和宁静（12%），它却也给人带来了不自在和陌生感（28%），疏离和冷漠（18%），贫穷（11%），悔恨和屈从（9%），恐惧（8%）和孤独（6%）。灾民对于因为洪水而不得不搬去的新居充满了负面印象。这种占有非常困难，因为必须首先埋葬老房子和与之相系的记忆。灾民在新居里觉得陌生，54%的人失去了在新居投资的想法。他们在还不真正是他们家的地方感觉被剥夺和不自在。

研究者指出所有这些情感对灾民的身体和心理健康都有影

响。37.3% 的灾民觉得疲劳，因为洪水而筋疲力尽，30% 的人感到挫败，21% 的人失去了热情和活力，18% 的人呈现了抑郁的征兆，19.4% 的人觉得焦虑，18% 的人觉得气力尽失，15%的人有睡眠困难。25% 的人认为得进行心理治疗才能面对自己的困难。

住所的失去或是垮塌不仅仅会给人造成混乱和方向迷失，对于很多人来说，它是生命重要部分的幻灭，是多年建造家园努力的幻灭。旧房子充满着正面的情感，新房子却是负债、悔恨和思乡的同义词。一些灾民找到了满足他们需要和期望的新房子，然而对于其他灾民来说，这只是一个遮风挡雨的避难所。

这项研究强调了个人与家的深刻情感联系。然而，需要注意的是这项研究采取的是一种回顾式方法，是在询问当老房子完全失去后灾民的感受。这种形式可能产生对正面情感的过高估计。

通过这些不同的研究，我们发现失去房子会给个人带来特殊的影响，尤其会加重在自然或工业灾难后的心理问题。事实上，房屋被看作是一块心理投资之地，是人的根，失去它代表着失去了自我的一部分。

第五章
工作环境

个人办公室、开放空间、灵活办公室……

工作空间可以有多种形式。我们脑海中会出现封闭办公室或是开放空间的画面。但是这些年我们却看到其他更为灵活的空间组织形式。它们是哪些呢？在其中工作的员工是怎么想的呢？

达尼尔森·波丹（Danielson Bodin）和波丹（Bodin）在2009年区分了7种办公室，这7种办公室其实属于布置的三大类。

第一种是封闭办公室。这是一间有门的办公室，可以是员工的个人办公室也可以是两三个员工的共享办公室。

第二种类型是传统开放办公室（或开放空间）。它对应一些开放的工作空间，工位在一个完全开放或是通过半高的隔板部分隔开的大房间里。这种开放办公室可以是4~9人的小型办公室，可以是10~24人中型办公室，或是24人以上的大型办公室。

最后，第三种类型包括两种灵活开放办公室（或者灵活开放空间）。第一种叫灵活办公室（或者共享办公室）。在这种布置类型中，员工没有确指的工位，一定程度上没有固定办公室。在开放工作空间内部一些工位是空余的，根据空余的位置，员工可以坐在他们想坐的地方。于是两种情况可能出现：工位数量与员工数量相等或工位数量小于员工数量。第二种情况主要是因为一些员工有一部分工作在公司外，并不天天在办公室内工作。这些员工从不会在相同的工位，他们很难占有位置且将其工作空间个人化。第二种灵活布置方式被称为 combi-office，工作空间根据占据它们的团队的活动进行安排。这需要将个人办公室、开放空间、会议室结合起来，员工根据其工作占据不同的空间。

　　在他们的研究中，这两位研究者关注了这些不同办公室类型影响员工满意度的方式。为此，他们总共问询了来自瑞典斯德哥尔摩地区 26 所公司的 469 名员工，这些员工涉及七种办公室类型。结果显示那些有个人封闭办公室的员工对其工作空间的舒适度最为满意，这种舒适度同时包括多种气氛因素（灯光、气味、通风、噪音）和私密感。相反的是，对于同事交往感觉最满意的人是那些占有灵活办公室的人。最终，传统的开放空间似乎是让员工最不满意的布置类型。

　　这些因素让人可以区分出不同的工作空间，并凸显出当员工有个人办公室时他们最为满意的这一事实。然而，开放自从我们搬进了大的开放空间，我就得了幽闭恐惧症。

空间的布置类型对于人际关系却是最有利的。

事实上，多种研究都提出开放空间可以使员工之间的交流和互动更为容易。然而，因为噪音和缺乏私密感，这种空间会给工作带来不小的干扰。噪音可以来源于其他员工的电话铃响、电话交谈和走动等。私密感在环境心理学中是指空间中的个人拥有一定的私人感的特性。在工作空间中，人们总体上可以分辨出声音私密感和视觉私密感。

第一种声音私密感是指员工可以跟他人交谈而不被人听见的事实。视觉私密感是指工位在不被他人看见的地方。在开放工作空间中，私密感一般都很低。这两种私密感构成了员工不满的主要来源：所有人都可以听到他人的谈话，看到别人在干什么，什么时候来，什么时候走，他们与谁谈话和工作……

　　内部环境占有者会对自己环境的质量加以评价，而空间布局会对这种评价施加影响，从《构建环境中心》（Center of Built Environment）这本书中的这个结论出发，2013 年克姆（Kim）和迪尔（Dear）进行了一项研究，希望了解开放程度对工作环境的影响。他们考虑了五种从最封闭到最开放的空间布置类型。

　　·封闭个人办公室；

　　·封闭共享办公室；

　　·单元型办公室，半封闭式，之间有高的隔板（高于 1.5 米）；

　　·单元型办公室，半封闭式，之间有低的隔板（低于 1.5 米）；

　　·完全开放的空间。

　　如果说前两种是封闭办公室，后三种则是开放办公室的类型。

　　在他们的调查中，克姆和迪尔问询了来自 303 家公司的 42764 名员工。这些人被要求通过问卷测评工作环境的质量。多种维度都在测评范围内：空气质量、温度、采光、噪音、私密感、舒适度。这些员工同样需要指出相对于总体的工作环境，他们的满意度是多少。

　　结果表明在个人办公室工作的员工在各个维度的打分都最高。另外，有封闭个人办公室的员工比在共享办公室中工作的员工对工作环境要满意得多，在共享办公室中工作的员工比在开放办公室工作的员工对工作环境要满意得多。在三种开放办公室类型中，没有观察到任何不同。

封闭办公室与开放办公室最大的不同是噪音、视觉、听觉私密感和占有的空间的差异。这些因素同样是开放办公室不满的主要来源。

最后，在开放空间中工作的绝大部分员工对于其私密感不满：大约 60% 的拥有单元办公室的员工和 50% 在开放空间工作的员工对声音私密度不满；大约 40% 的在开放空间工作的员工对视觉私密感不满。

相反的是，对于所有员工来说，不管他们在哪种办公室工作，都认为与同事互动很难。

这项最新研究表明，工作空间越是开放，员工就越是不满意，尤其是因为他们面临的噪音和所获得的较低环境私密度所导致的。这是一种很经典的结果，近 40 年的研究都是这样表明的。相反的是，关于人际关系的结果却相对矛盾。一些研究指出开放空间便利了交流和互动，在一个开放空间中，我们可以看见同事，所以当我们有事情跟他们说或问他们时，我们可以更容易地跟他们搭上话。另一些研究，比如我们之前提到的这项研究，结论却完全相反，开放空间并不利于互动和交流，一些研究甚至认为开放空间抑制了交流。原因在于视觉和听觉私密感的缺乏，让交流的私密性很低。

从个人办公室到开放空间

无论是开放还是封闭的工作空间，每一种都有其好处和不便。但是当员工必须从一个工作环境换到另一个工作环境的时候会发生什么呢？这种改变对于他们的工作和状态会产生什么影响呢？

2002 年，布瑞楠（Brennan）和他的同事进行了一项纵向研究，以测量从传统封闭办公室搬到开放办公室对一些加拿大员工的影响。这是就一所公司的要求而开展的研究，目的是测试工作空间的改变对员工的工作满意度和表现的长期影响。他们因此进行了涉及 4 个维度的措施：

相对于工作物理环境的满意度；

相对于环境压力因素的满意度，包括一些气氛因素，比如说噪音、灯光、温度等等；

相对于与同事人际关系的满意度；

员工自己测评的工作表现状况。

在每一个维度上，研究者都设计了一些问题，最终得到的结果是每一维度分数的平均值，从1（完全不满意）到5（非常满意）不等。

为了这项研究，80位员工填了3次调查问卷：换工作环境之前，换工作环境一个月之后和6个月之后。在这80名员工中，只有21位完成了全部的三次问卷调查。

四个维度在三个不同时间段的平均值呈现在图5.1中。

我们观察到这四个维度都呈现了相同的结果模式：搬家前的分数比搬家后两次测评的分数统统高很多。因此，员工认为搬家前对自己的满意度和工作表现都比搬家后要好。另外，一个月后和六个月后的分数没有任何区别，这似乎意味着员工并不适应搬家后的改变。

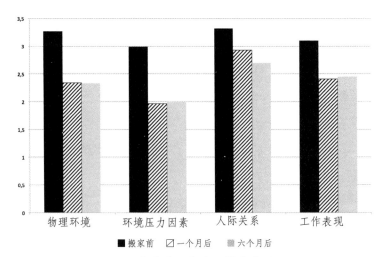

图5.1 搬家前和搬家后的满意值

因此，从传统的个人办公室或两人办公室搬到开放办公室的这一事实似乎对员工的满意度和工作表现产生了消极影响，并且这种消极影响会持续很长时间。

请安静点

如果说你已经与一位同事共享一间办公室或是在开放空间中工作，你可能已经有了这样的经历：被同事或邻居的谈话，或是走来走去的声音所打扰。在工作中集中注意力或是在良好条件中完成工作因此变得困难了。但实际情况到底是怎样的呢？所有的这些因素都能影响你的工作和表现吗？

斯扎尔玛（Szalma）和汉可科（Hancock）在 2010 年和 2011 年对噪音对工作表现造成的影响进行了一次元分析。元分析需要对一个相同事物进行多种研究，以将结果结合起来，并对整体的数据进行数据分析。他们一共参考了关于噪音对工作表现影响的 242 篇研究。

首先，他们的结果表明，总体上噪音会使工作表现变糟糕。

而后，他们进行了一项更为精细的研究，这项研究考虑到了要完成任务的类型和噪音的特点。他们因此观察到噪音会对认知性任务和需要口头或笔头交流的任务产生不利影响。这些有害影响主要呈现在准确度上；相反的是，噪音对工作完成的速度没有任何影响。短促而时断时续的噪音比持续的噪音危害更大：如果将噪音声音延长，似乎就减小了有害影响。对噪音的适应可能解释了这种现象：身体机能会逐渐适应长时间无用的噪音最终将其屏蔽掉。研究结果同样表明噪音强度越大，对工作表现的危害就越大。最后，相对于其他噪音，来源于人类的对话的噪音对工作表现的不利影响尤大。

结论表明，认知性任务，就是说那些需要记忆、思考、解决问题的任务相对于交流性任务或者耗费精神型任务受噪音的影响更大。最有害的噪音是那些来源于对话的噪音。研究者解释认为谈话会让个人在工作中分心，因此会对其部分认知资源进行干扰，这一部分就不能用来完成工作了。

如果说在一种工作空间内我们可以很轻易地被谈话打扰，这种空间就是开放空间。然而，一些布置可以控制这些影响。

哈阿帕康嘎斯（Haapakangas）和其同事在 2014 年对开放空间的声音特点进行了关注，他们研究的目的在于降低谈话可理解性的声音布局会在多大程度上减少这些有害影响。他们使用了一片 84 平方米的开放空间，这之中有 12 个一模一样的办公桌，这些办公桌分布在四个区域中。他们的目的是比较四个条件：一个没有背景噪音的安静条件，3个有电话交谈背景噪音的条件。对于3个有背景噪音的条件，研究者设置了不同的语言传输指数（STI：Speech Transmission Index）。这种指数主要是对于对话可理解程度而言的：STI为0意味着可理解度为0，STI为1意味着完全可以理解。通过布置空间和一些材料的使用，研究者可以改变对话传递指数。根据实验需要，研究者设置了从0.11到0.8三种背景噪音条件。总共有97人参与到了这次研究中来。这些人需要完成各种需要认知力的任务，主要是那些涉及记忆的任务。

请安静点，我都不能专心工作了！

实验结果表明在安静条件下，员工的表现最好：背景噪音的存在对所有工作任务的完成均有负面影响。然而，他们发现如果降低语言传输指数，这种有害影响就会减少：对话越是不能理解，它们越是不能干扰员工的工作。

如果能成功减少公共空间的噪音，员工们的工作表现就会变好。其他研究表明噪音不仅仅会影响员工的表现也会对他们的工作满意度和健康产生影响。

因对在开放办公室工作的员工颇感兴趣，李（Lee）和其同事在2016年研究了噪音对员工工作满意度和健康的影响。为此，他们对来自北京和首尔六个不同公司的334名员工进行了问卷调查。研究结果表明噪音对员工的健康状况和工作环境满意度均有不利影响。相反的是，他们并没有发现噪音对工作满意程度的影响。结果同样显示缺乏私密感，尤其是其他人的谈话会对工作满意度和工作环境满意度产生有害作用。最后，员工越是长时间处在噪音中，越是对工作不满意。

噪音是开放工作空间主要的几个危害之一。无数员工都提及噪音是他们工作中不适和干扰的来源，噪音特别会影响那些需要认知力、脑力活动、注意力的工作。所以我们常常会看到一些员工戴着耳机以减轻周边环境的影响。

为什么你要在办公桌上摆上孩子的照片？

当你进入一个同事的办公室时，或者你去银行或医生那赴约的时候，你有时会看见墙上的家庭相片或孩子的画作。这些元素是告诉你，你进入了一片私人领地。事实上，我们有占有自己工作空间的趋势，并且表现出一些领地行为。这有些像动物，我们会标记领地，让别人知道这片地是自己的，其他人不能使用。相反的是，我们不会表现出和动物一模一样的领地行为。

人类领地的概念，尤其是私人空间这一概念，在环境心理学中被大规模研究。然而，一些研究却关注了工作环境的领地权。

2005 年，布朗（Brown）和其同事关注了工作中领地权的概念，这是一片仅供自己使用他人不可进入的空间。研究者区分出了四种领地行为：标记行为，这种行为是为了确认身份或是控制领地进出的行为，还有防御行为，无论它是预防性的还是治愈性的。

标记行为的目的是告诉他人这片领地是自己的，他人不得使用。

因此，身份标记的使用可以使工作空间个人化。比如说，我们可以在办公桌上放一些私人照片（孩子、配偶的照片……），在墙上挂上我们的毕业证，改变办公室的装饰（比如说挂上一些画或海报），展示孩子的画作等等。员工选择占有空间的事物因此是非常个人化的。

第二种标记行为没有这么个人化：这是一些控制标记，是为了告诉他人这片空间是不能随便进的。这主要是一些边界标记，以告诉他人不能跨越的界限是什么。比如说，在办公室门上写上自己的名字。它们的目的是赶走一些可能的入侵者。研究者观察发现这种类型的领地标记相对于封闭办公室在公共空间中更为常见。事实上，拥有一间个人办公室让人可以清晰地划定自己的空间，然而在开放空间中，边界的确立却不是靠墙壁。

领地防御行为包括两种：要么是防止外来入侵的行为，要么是入侵后的反应行为。

预先防御行为的目的是防止入侵者进入自己的空间。为了达到这个目的，我们给办公室上了锁，给衣帽柜上了锁，给电脑设置了密码。预先防御行为让员工在工作空间中增加了掌控感和安全感。与之前提到的控制标记行为相反，控制标记是为了吓退尝试入侵的人，预先防御行为是阻止这种入侵的成功。

举个例子，如果我在办公室门上挂上自己的名字，这是一种控制标记行为：看到名字，其他员工会知道这间办公室有主，不会尝试进入。但是如果一些人还是尝试进入办公室，他们其实是进不去的，因为主人上了锁，这就是一种预先防御行为。

最后，防御反应行为对应当入侵者成功进入自己的领地时，我们对入侵者的表现。这些行为可以是表达自己的不满和不同意，对入侵者表示敌意，拒绝与其合作，向上级告状等等。

所有这些领地行为让我们可以标记和守护我们的领地，就像动物一样。它让我们对空间的使用变得明晰，限制冲突的产生。

活动会受空间布局影响吗？

你是否发现在做不同的事情时，你的坐姿会有不同？有时候，你会改变空间布局以使自己更舒服、更好地完成工作。从 60 年代开始，归功于环境心理学中不同的研究，我们知道了空间布局对人类活动会产生影响，反之亦然。

因此，1973 年索穆尔（Sommer）进行了一项实验，在这项实验中，他试图去发现个体根据进行工作的不同是怎样在一张桌子旁变换位置的。他使用了一张方桌，共有 6 个位子，要求实验者两人一组坐在这张桌子周围。索穆尔向他们提议了四种活动：

·对话：两个人要一起讨论；

·合作：两个人要一起完成一项工作；

·共同活动：两个人独立完成一项工作。只是在同一张桌子上工作而已。这是图书馆中经常出现的情形，人们互相不认识，在同一张桌子上工作但没有互动；

·比赛：两个人分别完成一项任务，他们的成果将会被比较。

·实验结果呈现在图 5.2 中：四组活动中，人们有六种可以选择的位置。

人们发现，当两个人只是讨论的时候，他们要么会面对面坐着，要么在桌子一角的两边坐着。相反的是，当他们需要合作的时候，他们一般是挨着坐，以更好地分享材料和点子。当他们要比赛的时候，他们一般面对面坐着，这样可以看清楚另一个人在干什么，保持对对方的控制。最后，那些共同活动的人一般坐在桌子对角的位置，以最大程度减少干扰。

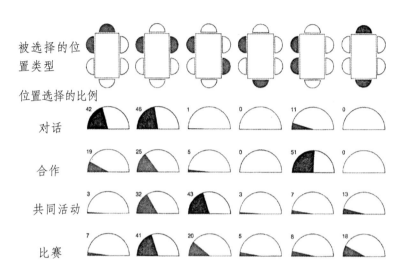

被选择的位
置类型

位置选择的比例

对话

合作

共同活动

比赛

图5.2 根据任务的不同，各种位置被选择的比例（source: Sommer, 1973, p. 141）

最后，人们发现那些相距最远的位置从来不会出现在讨论和合作的状况中。

之后，索穆尔用圆桌进行了相同的研究，交谈的人主要是肩并肩（63%），面对面（20%）和中等距离（17%）。当人们需要合作，他们主要肩并肩地坐着（83%）。在比赛的状态中，他们主要是面对面坐着（63%）。最后，如果他们是共同活动，人们会面对面坐着（51%）或是中等距离坐着（36%）。

这两项研究证明我们的活动会对空间布局有所影响。但是反过来也是一样的：空间布局也会影响我们工作的方式。

这些不同的结果可以通过人际距离的角度来阐释。事实上，相比于共同活动，我们在讨论和合作时会靠得更近。但是对物理距离和功能距离进行似乎非常重要（Lécuyer，1975）。物理距离是分开两个个体的客观尺度。对于功能性距离，这是一个更宽泛的概念，它包括物理距离，也包括两个人之间的角度，视觉的可达到性和交流障碍。因此对于圆桌，当物理距离增加的时候，功能距离就会缩小。比如，当你与五个人坐在圆桌上时，你会更容易看见与你面对面的人并和其交流（你与其物理距离最大）。

你为什么在公园里小憩？

你是否会觉得当你在森林、公园或是植物园里散步时会感觉更好，更放松？你是否会觉得在大自然里待个几分钟会让你释放压力，摆脱日常烦忧？如果是的话，你也是那些认为绿色会让人镇静、产生新想法的人之一了。

事实上，绿色可以对人产生积极影响，并减轻日常压力。

一项有 584 名员工参与的调查证实了这一点，这项调查的目的是测试工作地点附近的公园会在多大程度上影响人的压力程度 (Stigsdotter)。这项调查是通过邮寄问卷调查的方式进行的，涉及住在瑞典九个城市的居民。最终，研究者使用了 584 位员工的数据，其中 400 人能够到达其工作地点附近的花园，184人不能。这两组人曾经有相似的社会经济特征。

实验结果（图 5.3）指出那些可以去工作地点附近花园的员工比其他人的压力要小很多。

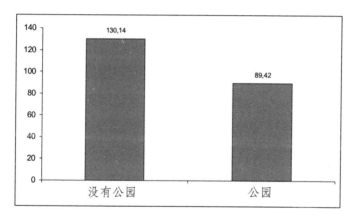

图 5.3 依据进入花园的可能性测评的压力

为了使这些结果更加精确，实验者引入了工作地点绿地指数（work-place-greenery-index）。实验者借此根据员工进入绿地的可能性层级将员工划分为四个类型：

1 级包括那些完全不可能进入绿地的员工，他们甚至不能从窗户看到绿地，也不能在办公室外休息片刻。

2 级包括那些有可能在休息时进入公园的员工，但是这种机会很少（少于一个月一次），他们也不能通过窗户望到绿地。

3 级包括那些可以时常（一周一次甚至更多）在休息时进入小公园的员工，在工作地点他们可以看见这个公园。

4 级包括那些既可以看到绿地面积巨大的公园也可以时常进入这个公园的员工，他们一周一次甚至多次进入公园休息。

实验结果表明了绿地指数对压力的显著影响：当绿地指数增大，压力层级就会降低（图 5.4）。

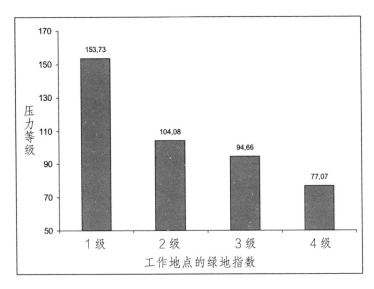

图 5.4　各工作地点绿地指数类型所对应的各压力层级

员工越是可能进入公园，他们越是会经常在休息的时候去那里，他们的压力就会越小。因此那些经常去公园的人压力是最小的，那些完全不可能去公园的人是压力最大的人：后者的压力是前者（第四级的员工）的两倍。

最后，相比那些完全不能进入公园的人来说，那些可以去公园的人也表明在工作地点会感觉更舒适和愉快。

经理正在公园散步。

如果你的工作地点让你可以去公园休息休息，那就别犹豫：当你感觉筋疲力尽或是刚刚开完一个复杂的会议，就去公园蹓一圈吧，之后你会觉得自己轻松多了！

为什么要让你的员工午睡？

当我们对着电脑工作时，所有人都会觉得疲惫，尤其是眼睛累。所以说人们会建议员工每小时或每半个小时休息一下，这样会减少疲惫和错误（Kopardekar et Mital）。不超过30分钟的午休的好处也被人大力推荐。

所以说到底做哪一个呢：是短暂休息还是午睡一下？一项由三位日本研究者完成的科学研究可以给你带来答案。

这项研究（Hayashi et al.）的目的在于比较午睡和短暂休息的不同效果。为了达到这一目的，研究者邀请了10位年纪从20岁到24岁不等，身体健康、没有任何睡眠问题的人来做实验。在实验中，这些人需要花两小时面对电脑工作，且注意力高度集中。一小时后，这些人可以休息20分钟：他们要么在椅子上休息一下，或是打一个小盹。在第二种选择中，睡眠时间从14到19分钟不等。在这次休息之后，他们又工作了一小时。在这两小时面对电脑的工作当中，他们需要每十分钟测评一次自己的疲劳程度、迟钝程度和动力程度。他们需要通过100毫米的视觉模拟评分卡纸来进行测评，游标越是靠近100，疲劳程度、迟钝程度越高。

实验结果表明员工工作表现在午休后有所提升。他们发现员工在午睡后错误数量减少了，但是短暂休息后却没有出现这一现象。

图 5.5 反映了疲劳、迟钝和动力的层级随着时间的变化。我们注意到在工作的第一个小时，疲劳和迟钝随着时间推移而增长，而动力却在降低。在 20 分钟休息后，这三个指数几乎回到了实验最初的水平，可以说明这次休息起到了好的效果。相反，这种好的效果只有在午睡后继续工作的人那里保持了下去，而其他人却没有。

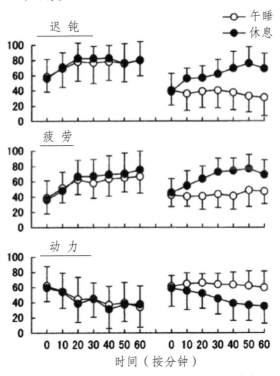

图 5.5 迟钝、疲劳、动力层级随着时间的变化

我们因此发现在工作的第二个小时，那些只是短暂休息的人的动力程度下滑了，但是午休后的人并没有出现这种情况。

我们可以因此得出两个结论。一方面，一小时工作后的20分钟休息是有好处的：当重新工作的时候，人们会没有那么疲劳并且更有动力。另一方面，一个短暂的午休似乎比坐着休息一下的好处更大更持久。然而，午休时间绝不能过长：午休最好少于30分钟以避免人进入深度睡眠，而深度睡眠会降低醒来后的工作表现。

所以我们不能忘记工作中要常常休息。如果可以午休一下那就更好了。

但是我们不总能睡 20 分钟的午觉。一些人会趴在办公桌上睡一会，如果我们有个人办公室而不是在开放空间中工作的话，这种午睡可能更容易一些。理想的情况是公司准备一间有舒适沙发的休息室，可以让员工打个养精蓄锐的小盹。一些公司设立了禅室或是午休室让员工有午休或短休的空间。

最后，午休不仅仅是对电脑工作者有用，一些研究指出短暂的午休可以降低开车时的迟钝度，而途中的短暂休息并不能达到这一效果（Horneand Reyner，2001）。

第六章
治愈环境

医疗中心的设计是否会影响病人的健康？

在法国，医疗中心（医院、再教育或再适应中心、康复机构、老人院等）的设计都是以医疗功用为中心的。然而，如果说医院的技术和医疗条件对于病人至关重要的话，病人的康复可能也受其他方面的影响。当病人去医院的时候，不论他是为了咨询、检查、治疗还是进行手术，他大体上是因为健康上出了问题。如果在疾病之外，病人还紧张焦虑，这会使他在治疗和检查的时候产生恐惧感。所以说我们所设计的医院环境不应该给病人带来更多的紧张与焦虑情绪。

一些环境心理学研究方法认为，为了使病人尽快康复，应该给他提供一个有利于康复的环境。在英语中，我们可以找到一种对应术语治愈性环境（healing environments）或者是治愈性空间（healing spaces）。科学表明设计有利于康复的医疗中心至关重要。这些有利于康复的环境让病人压力减轻，康复期缩短，使病人和其家人感觉更舒适，也让医院的工作人员有更怡人的工作环境。

越来越多的研究开始关注医疗中心的物理环境对病人健康的影响。物理环境一词主要包括三个方面（Harris et al.）：建筑特点，主要是指建筑设计、窗户位置、房间和不同空间的大小等等；室内设计，主要是指一些布置元素，比如颜色、装饰、家具、材料等等；气氛元素，包括噪音、气味、温度、光照。

一些研究关注了医院的物理环境特点对病人和医生健康状况的影响方式。这些研究近些年出现在了多种杂志之中：Devlin et Arneill，Dijkstra et al.， Huisman et al.，Ulrich et al.，Schweitzer et al.。

通过这些研究，我们可以得出一些因素会对病人的健康产生间接影响，这些因素的构建模式会对病人的康复、舒适感、疼痛感、压力和焦虑起到作用。现有的研究提出的主要因素有：气氛因素、对病人的控制程度、私人感、如家的感觉（home likeness）、正面的娱乐、自然因素和寻路（wayfinding）。

气氛因素
研究中最常出现的是噪音、光线和温度。

对病人的控制程度
病人在医院住院时遇到的主要问题之·就是缺乏控制，

这种缺失因为产生不适感、紧张和焦虑而越发严重。越来越多的研究强调要把控制的权力交回给病人，比如让他们可以控制床的位置、房间温度、采光（自然光或是灯照）甚至是声音等级。

私人感和私密感

私人感是指在一个地点或空间之中人可以感到某种私密感的特性。对病人私密感的尊重是对其个人信息保密的保证，这涉及住院病人宪章中的承诺。

当我们谈论私密感的时候，会将其粗略划分为声音私密感和视觉私密感。前者是指病人可以在无人旁听的情况下与人交谈。它涉及在秘书接待处、在诊疗室中治疗、电话交谈的时候，病人的对话都是私密性的。至于视觉私密感，它是指病人可以在没有其他人注目的情况下，自己享有一处地方。比如说尊重检查室和诊疗室病人的隐私，包括病人在洗漱的时候，在接待客人的时候能不受他人干扰。

如家的感觉（Homelikeness）

与私密感平行的概念应该是个人空间和占有空间的概念。事实上，如果病人住在一个他觉得像自己家的地方（home-like room），他的健康会得到好转，对于长期住院的人尤是如此（Gilmour）。事实上，有家的感觉对健康是有利的，因为"家"会让环境变得亲切，而在其之中的个体会感觉舒适和安全（Fischer and Dodeler）。

正面的娱乐

病人的舒适感会因为娱乐而改善，不论这些娱乐是视觉的（墙上装饰、照片、画作、雕塑……）还是声音的（音乐、自然之声……）或是游戏类的娱乐。这些娱乐的好处主要显现在病人的疼痛程度上。它们主要使用在痛苦的检查或是治疗上。原则是将病人的注意力吸引到正面的因素上，转移对痛苦操作的注意力。在医院环境下，这些娱乐主要涉及音乐、艺术、游戏或是一些自然因素，音乐和自然因素是当下被记录最多的。

自然因素

在医疗中心，进入自然的途径有不同的形式：可以是视觉上看到或身体走入树林、公园或是花园；医院中的植物；自然风景照片或图画；喷泉或鱼缸或者自然的声音。最后，医疗中心内一些有利于康复的花园（healing garden），对病人是有所裨益的（Cooper- Marcus et Sachs；Cooper- Marcus et Barnes）。

在专题研究中，我们主要列出了两种解释自然因素为什么会对健康有所裨益的方式（Hartig et al.）：一种方法的中心在于自然环境有降低心理和身体压力的能力（Ulrich；Ulrich et al.），另一种是一种更为认知性的方法，中心为注意力的恢复（Kaplan et Kaplan；Kaplan）。尤尔瑞驰（Ulrich）的方法认为自然因素之所以能对身体起到好的作用，是因为自然因素增加了正面的情绪，减少了负面思绪和压力。

相反的是，卡普兰（Kaplan）的方法认为自然元素之所以有利于健康是因为它们可以让人从精神和注意力疲劳中恢复过来。注意力恢复理论（Attention Restoration Theory）认为如果人长时间注意力高度集中会产生一种精神疲劳。注意力不得不被分散以从疲劳中恢复。在这个意义上，自然空间应该是一些重建空间，因为它们有利于这种恢复。

对于卡普兰来说，吸引力是康复的一种关键元素。它对应于注意力可以毫不费力就集中的过程。事实上，一个地方的迷人特征会对个人的注意力资源有所影响：无意识动用注意力的过程，也就是说不需要任何精神力量动用注意力的过程，有利于有意识注意能力（需要精神力量）的恢复。

寻路（Wayfinding）

寻路对应于人在一个空间内寻找方向并移动的过程。它涉及空间不同的物质特点和可以让人定位、辨认方向、选择路线、向目标移动的认知过程。

空间方向是在医院设计中要考虑的重要方面。事实上，如果说病人在医院里感到很难找到方向和位置，这会增加他们的压力感。

以上的元素让我们对医疗空间有了大体的认识。接下来的内容会阐释之前实验中呈现的不同因素。

病人对住院生活满意吗？

病人在住院期间主要会有些什么记忆？他们对住院生活是否满意？众多研究尝试回答以上问题。

因此，一组研究者（Harris et al.）关注了住院患者的满意和不满源头。为了达到这一目的，他们在 380 名患者出院 2 至 54 天后进行了电话调查。实验结果表明主要存在三种满意元素，护士治疗的质量、药物治疗的质量和医院环境。另外，研究者希望专门探索患者对房间的满意度。患者对住院满意或不满的源头主要有以下五种：

·房间设计和布置（家具、装饰、颜色等等）；

·建筑特点（窗户视野、房间大小、浴室等等）；

·医院人员对房间的打扫和维护；

·房间的社会特点（是不是个人房间、私密感、接待访客的设备等等）；

·气氛元素（光线、噪音、温度）。

大部分的医疗机构都已经进入了一种高质量的阶段，调查结果显示大部分人对住院生活都是满意的。如果说满意度的前几个因素明显与医疗质量相关的话，医院环境和房间这两个因素反而排在靠后的位置了。

别忘了带上防噪音耳塞

如果你曾经住过院，你可能已经发现医院是个吵闹的地方。然而，世界卫生组织认为在医院的房间里，白天噪音不能超过35分贝，晚上不能超过30分贝。但是大部分的研究表明医院的噪音程度常常超过这个限度 (Rashid and Zimring, 2008)：噪音一般在45~68分贝之间，甚至有时能达到90分贝。

噪音虽然不是医院环境的唯一有害因素，但它很可能扰乱病人的睡眠。很多研究关注了噪音对重症监护室中病人的睡眠影响。

2007 年，尤格拉斯（Ugras）和欧兹特金（Oztekin）采访了 84 位在重症监护室神经外科的病人，以确定影响其睡眠的因素。在这些人当中，79% 的人都有睡眠问题。病人列出的主要原因有：固定不动（63.6%），身体的痛苦（59.1%），环境噪音过大（57.6%）和对于手术结果感到焦虑（56.1%）。这些原因之外还有温度（30.3% 的人认为太冷，16.7% 的人认为太热）和臭味（21.2%）。

然而不仅仅是重症监护室的病人抱怨了噪音问题。因此另一些研究专门探索了噪音对不同科室病人睡眠的有害影响。

1996 年，辛普森（Simpson）及其同事采访了 97 位（75 位男性，22 位女性）刚接受心脏手术，年龄从 35 岁到 86 岁不等的病人。他们试图了解影响睡眠质量的环境因素到底有哪些。因此，他们要求病人用 10 厘米的视觉模拟评分卡纸来测评其睡眠的不同方面（睡眠时间、睡眠质量、夜间醒来的次数、睡眠期间的干扰、睡醒时的休息感）：每一项的分数从 0 到 10 不等。他们同时给病人列出了 35 个可能干扰其睡眠的环境因素，其中 24 个是噪音的来源。病人需要对各因素进行 0（完全没有）到 10（极端）

的打分，来测评这些因素在多大程度上打扰了他们的睡眠。

结果表明这些病人平均每晚睡 5.2 个小时，他们会经常在睡眠中醒来（相对于最大值 10，平均值为 6.7），同时认为醒来时的休息程度尚可（平均值为 4.7），睡眠质量为中等（平均值为 4.8）。另外，在这些环境因素当中，许多都明显与睡眠质量相关。噪音似乎是打扰病人睡眠的第四大因素，排在不能按生物钟睡眠、位置不舒服和疼痛之后。治疗的副作用，不能在自己的床上睡觉和焦虑感也会影响睡眠。病人认为最影响其睡眠的噪音有以下几种：床的嘎吱声；医护人员或清洁工推动小车的声音；走廊里的谈话；抽水马桶的声音；脚步声；开门声、关门声和摔门声；医疗器械的声音。

这项研究表明做过心脏手术的病人会有一些睡眠困难，而主要原因之一是噪音。

然而，对于陌生环境中人所感到的不适感、痛苦和焦虑，人很难去做些什么，但是人们却有可能减轻噪音的影响。比如说用一些隔音材料减少声音反射、传播和强度。一项研究因此强调通过一些空间的物理布局可以限制噪音的有害作用。

2005 年，哈格曼（Hagerman）和同事进行了一项研究，目的在于测量噪音在多大程度上会影响心脏病住院病人的恢复。

因此，他们采访了平均年龄 67 岁的 94 位病人（57 位男性和 37 位女性），他们因为心肌梗塞（39 人）、稳定型心绞痛（44 人）或是不稳定型心绞痛（11 人）住在心脏病科室。研究者每隔 17 小时会测量他们的身体数据（心率、心率变化、血压、脉搏）。病人也被要求填写一张关于治疗质量和住院质量的调查问卷。

为了测出噪音对病人身体状况的影响，研究者在房间进行了一些物理布局。他们的实验分两个阶段，每个阶段为四周。在第一阶段，病人房间的天花板能反射声音。研究者收集了 31 位在这种条件下住院的病人（不良声音条件组）信息。在研究的第二阶段，研究者将天花板置换成能更好吸收声音材料。这次置换之后，房间的声音减少了大约 6 分贝。良好声音条件组包括了 63 位在这种条件下住院的病人。

两组病人有相似的医疗症状。

在心脏数据方面，两组之间的心率、心率变化和血压没有什么显著区别。然而对于患有不稳定型心绞痛病人和心肌梗塞病人的夜间脉搏，两组有明显差别：那些在不良声音条件下居住的病人的脉搏明显比那些在良好条件下居住的病人要快。但是患有稳定型心绞痛在这方面的区别不大。这似乎说明噪音的不利影响在那些病情严重的人那里更加明显。

另外，在不良声音条件下居住的病人在 3 个月内重新住院的比例更大（48%），在良好声音条件下住院的病人 3 个月内重新住院的比例为 21%。最后，相对于那些在不良声音条件下居住的病人，那些在良好声音条件下住院的病人认为医疗人员的态度和医疗质量更好。他们同时认为周围环境的噪音很少打扰到他们的睡眠。

如果你必须住院，你最好带上耳塞！事实上，一项研究（Hu et al.）已指出：如果说重症监护室里的噪音和灯光会影响病人的睡眠质量，带上耳塞和眼罩会减小这种不利影响并提高睡眠质量。

我想要一间朝南的房间，谢谢

你是否觉得相比于冬天，夏天时自己的状态和情绪更好？当秋天到来，你是否听过有些人说："什么天气啊！老是阴沉沉的！抑郁！让人没精神！"这并不仅仅是一些直接感官印象，众多心理学研究已经表明光线和阳光对我们的情绪确实有所影响。比如，季节性忧郁是在秋天和冬天显现出来的一种心理问题，症候主要是抑郁。这种心理问题与缺少自然光照相关，因为那个时候白天越来越短，阳光越来越弱。一种减轻这种症候的方法便是光线疗法，即让病人每天暴露在强烈的光线之下。

然而自然光并不仅仅影响我们的情绪：它同样会对我们的健康状况、对疼痛的感知和病后康复有积极作用。

1998 年，波什曼（Beauchemain）和海斯（Hays）因此分析了心脏重症监护室的准入文件。他们在这些文件中只选取了部分病人的信息，这些病人在第一次心肌梗塞发作后就直接住进重症监护室，这些病人要么整天待在朝南的房间里，要么整天待在朝北的房间里。6 月的早晨，朝北的房间的光照为 200 到 400 勒克斯，然而朝南房间的光照为 1200 到 1400 勒克斯。

在 11 月的中午，研究者也进行了相同的记录：朝北房间的平均光照为 200 勒克斯，朝南房间的平均光照为 2500 勒克斯。

对于每个病人，实验者收集了以下数据：年纪、性别、住院长短、在世或是死亡。他们总共考察了平均年龄为 62 岁的 628 位病人。在这其中，有 60 人在进入重症监护室一天内死亡，568 人活了下来。光线似乎对死亡率有明显的影响：在这些死亡的病人中，65% 的人处在朝北的房间里，35% 的人处在光线充足的房间里。相反的是，这一点在活下来的 568 位病人中却没有多大的差异：47.9% 的人曾住在光线好的房间里，52.1% 的人住在阴暗的房间里。这些病人平均住院时间为 2.46 天。但是研究者发现这种房间的类型，光线好 vs 阴暗，会影响住院的长短：相对于那些在阴暗房间的人来说（2.6 天），那些住在光线强的病人明显在重症监护室里待的时间较短(平均 2.3 天)。然而，他们发现了病人性别和房间类型的关系：光线可以缩短女性的住院时间，但是对男性没有什么影响（图 6.1）。

房间光照对住院时间的影响对于男女是不同的。

这项研究因此强调了光照对病人的康复，尤其是对女性病人康复的有利影响。对于研究者来说，一种可能的解释为，女性相对于男性普遍更容易受到抑郁问题的影响，尤其是季节性抑郁，也就是说我们可以通过光线疗法进行治疗。一间

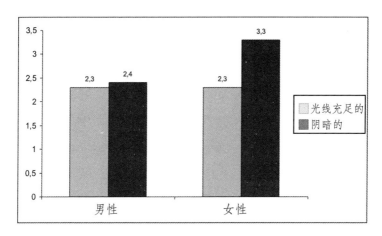

图 6.1　重症监护室住院平均时间（天数）

光线充足的房间可以让他们在一定程度上受益于这种光线疗法以使其情绪和健康状况得到改善。

2005 年，沃尔什（Walch）及其同事进行了一项测量太阳光对外科手术后病人服用镇痛剂的影响研究。他们的目的是测量医院房间的自然光在多大程度上会影响病人的社会心理健康、服用镇痛剂的数量和抗疼痛治疗的成本。

平均年龄为 59 岁的 89 位进行过脊椎或颈椎手术的病人（43 位男性和 46 位女性）参加了这项实验。这些病人均住在单间，房间大小和房间布置一模一样，只是光线强度不同。每天上午 9 点半到下午 3 点半每个病人房间的光线强度都会被测量。

一些房间被认为是阴暗的，因为旁边的建筑挡住了阳光。心理测试问卷会在手术第二天和出院当天分别回收。问卷包括四个层次：一个层次是来测量病人感受到的疼痛强度（McGill Pain Questionnaire），一个层次是用来测量抑郁症状的（CES-D），一个层次用来测量病人感受到的压力（PPS），一个层次用来测量焦虑（POMS）。在进行手术前，在这些层次上，病人并没有显著差别。

考虑到光线对抑郁症状的影响，之前有过抑郁症或正在进行抑郁症治疗的病人不在实验结果范围内。

在手术后，镇痛剂根据病人需要，分发给病人，在手术后第一天，病人可以另外自取镇痛剂。护士每天会统计病人服用的镇痛剂数量。这些镇痛剂数量会被换算为同等吗啡的数量。

结果显示处在光线充足的房间内的病人比处在阴暗房间的病人平均每天多接受46%的自然光照。这些病人感到的疼痛更少，每小时少服用22%的镇痛剂（图6.2）且少进行21%的抗疼痛治疗。换句话说，那些处在阴暗房间的病人每小时多服用了28.3%的镇痛剂。

数据分析同样表明这种不同不受病人之前状况的影响。影响服用镇痛剂数量的唯一变量是年龄：病人越是年轻，服用的镇痛剂越多。

处在阳光房病人的抗疼痛费用平均为0.23美元/小时，处

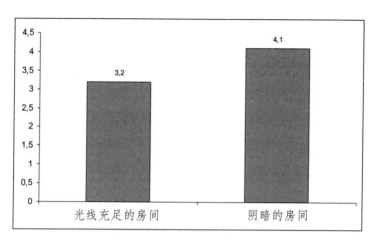

图 6.2　服用镇痛剂的平均数量（以吗啡计算：mg/h）

在阴暗房病人的抗疼痛费用平均为 0.29 美元 / 小时。相对于阴暗房，阳光房因此代表着平均 21% 的收益。如果我们按住院平均时间计算，在阴暗房住的病人比阳光房病人多花费 3.79 美元用于抗疼痛治疗。

在心理方面，结果显示出两组病人的疼痛感和压力感有明显的不同，但在焦虑感和抑郁感方面却没有什么区别。在手术第二天的调查中，两组病人在压力和疼痛感程度上基本持平。然而，这个结果在出院时发生了巨大转变：阳光房的病人感受到的疼痛感明显比阴暗房的病人低（图 6.3），这表示他们的疼痛减小了很多。

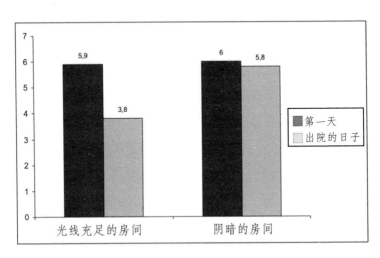

图 6.3 疼痛感数值

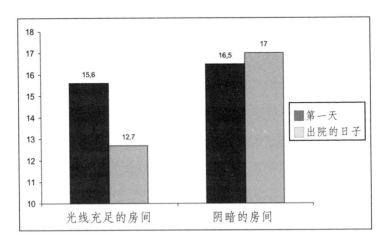

图 6.4 压力数值

另外，相对于阴暗房的病人，阳光房的病人的压力症状显然轻一些（图 6.4）：对于第一组，出院时的压力明显比第一天住院的压力小，但是第二组的压力没有什么变化。

阳光对于抑郁状况的影响已经得到广泛承认，而且它似乎对整个身体健康都是有益的。不要犹豫，每天去晒晒太阳吧！

音乐放松心情，舒缓疼痛

当我们身上某处感到疼痛，我们会尽力去寻找舒缓这种疼痛的方式。在多数情况下，我们会服用一些抗疼痛的药物。但是还是存在一些其他抗疼痛的方式。在心理学中，一些认知方法宣称，转移对疼痛处的注意力能减轻疼痛。当你感到肚子疼时，你越是想它，你就越是感觉疼。同样，你是否曾经有这样的经历，即使你某一处很痛，但是如果你专注于工作或是谈话，你在某种程度上会忘记这种疼痛。

这些研究的目的在于找到一些减轻疼痛的更有效的非药物手段。音乐是重点研究的因素之一。诸多研究均探索过在多大程度上音乐可以缓解疼痛。

一项研究（Mitchell et al.）因此试图测试音乐对疼痛感知的影响。这项研究调查了 18 至 38 岁（平均年龄为 21 岁）的 80 位研究主体（36 位男性和 44 位女性）。这些人需要完成一项冰水任务，也就是说将手伸进一盆冰水中，时间越长越好。

对于每个参与者，实验者测量了一下数值：

对疼痛的忍受度，也就是说参与者将手放进水里到将手抽出的时间长度（以秒计算）；

疼痛的强度，通过长度为 100 毫米的视觉模拟评分卡纸测量，从 0（毫无疼痛感）到 100（最痛）不等。

结果强调了音乐的有利作用。

在疼痛忍受度方面，相对于在安静状态下把手放在冰水里的时间（138.9 秒）研究者发现当人在听他们喜欢的音乐时，手放在冰水里的时间明显更长（176 秒）。

在疼痛强度方面（图 6.5），参与者认为在他们听自己喜欢的音乐时，疼痛感明显减弱。

总体上，实验结果表明音乐可以缓解个人的疼痛和焦虑，并提高他们对疼痛的忍耐度。

这项研究证实了音乐对疼痛感和忍耐度的有利作用。但是这只是一个带有目的的、在实验室做的实验，疼痛是被刻

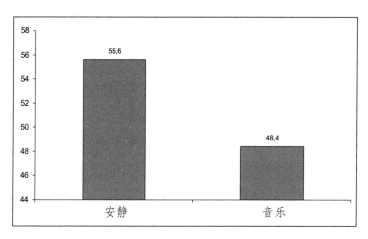

图 6.5　疼痛强度

意制造出来的。

　　事实上是什么情况呢？我们会在真实的环境下得出相同的结论吗？

　　2004 年，沃斯（Voss）及其同事进行了一项研究，目的在于验证心脏手术后音乐对疼痛和焦虑的舒缓作用。病人虽然服用了一些药物，但在这种情况下，他们还是经常会有中度到强度的疼痛感和焦虑感。

　　这项研究包括了平均年龄 63 岁的 61 位病人（64% 为男性，36% 为女性），这些人全部在手术后住进了重症监护室的单间中，在手术后的第一天其状况被进行了记录。这些病人被分为三类：

"使人轻松的音乐"：第一组的 19 位病人坐下听了 30 分钟的音乐，这是实验者事先在六首曲子中选出的一首舒缓的曲子（没有歌词，没有打击乐和快节奏）。

"坐着休息"：该组的 21 位病人被要求静静地坐着，闭上眼睛，休息 30 分钟。

"控制"：处在控制组的病人保持坐姿 30 分钟，并可以完成个人的活动。

实验者通过 100 毫米的从 0（毫无焦虑和疼痛感）到 100（最大程度的焦虑和疼痛感）视觉模拟评分卡纸来测量他们的疼痛程度和焦虑程度。

得到的结果显示那些听了舒缓音乐或者静静休息过的人的疼痛和焦虑程度明显下降，而控制组的指数保持稳定（与测试之前并没有显著变化）。另外，相对于静静休息的人和控制组的人，听了舒缓音乐三十分钟的人的焦虑程度（图 6.6）和疼痛程度（图 6.7）下降得更多。

那些听了舒缓音乐 30 分钟的病人相对于控制组减少了 72% 的焦虑和 57% 的疼痛，相对于闭上眼睛坐着休息组少了 59% 的焦虑和 51% 的疼痛。实验者因此得出音乐对焦虑和疼痛感有很大的好处。他们解释认为音乐转移了病人的注意力，让他们将注意力集中于身体健康和疼痛以外的事情上。

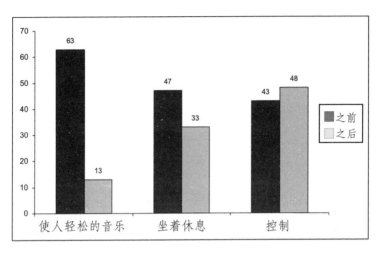

图 6.6 焦虑平均值

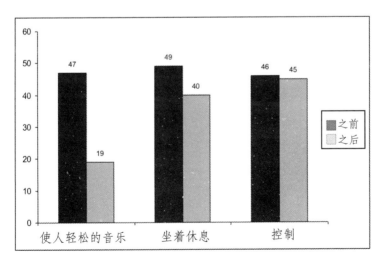

图 6.7 疼痛平均值

实验结果确认了音乐对心脏手术后病人的焦虑和疼痛感的有益作用。其他研究同样表明音乐可以减轻手术后的疼痛（Good et al.），癌症的疼痛（Beck）或者慢性疼痛（Schorr）。

但是所有的这些疼痛的强度和长短因人而异。一些研究者因此关注了音乐对于在有限时间内强度疼痛的作用：分娩时的疼痛。一些研究指出 40% 到 60% 的妇女在分娩时都会感到剧痛（Melzack），40% 的人虽然服用了镇痛剂，她们也没有感觉到疼痛有所缓解（Ranta et al.）。

2003 年，普东（Phumdoung）和古德（Good）试图探索音

乐在多大程度上会缓解分娩时的疼痛感。

这项研究囊括了 110 位年纪从 20 岁到 30 岁不等怀第一胎的健康女性，这些女性在这之前没有过任何生理或精神疾病，胚胎状况良好。她们均是足月顺产（没有提前安排过剖腹产），在实验前没有服用过任何镇痛剂。

每位女性需要通过长度为 100 毫米的视觉模拟测试卡纸测量其感受到的疼痛程度（因为宫缩产生的腹部和背部下端产生的疼痛），疼痛程度从 0（毫无疼痛感）到 100（能想象的最大疼痛）不等。实验者对妇女的疼痛感测试了四次：在他们刚刚到达产科的时候（分娩尚未开始），之后会在分娩中的三小时每小时测一次。

在这 110 名妇女之中，实验者让一半人在分娩过程中听舒缓音乐，另一半人不听，成为控制组。妇女从分娩阶段起开始听音乐，也就是当其宫颈扩张三到四厘米，并出现每 30 到 60 秒一次的宫缩时候开始算起。实验组妇女带上随身听，并开始听在这三小时前自己选择的音乐。实验组中只有两名妇女在实验过程中服用了镇痛剂。

实验结果显示相比控制组的妇女，那些有机会听音乐的妇女感觉到的疼痛更少。

事实上，我们发现（图 6.8）在这些妇女到达产科时，表达了相同程度的疼痛。之后在分娩过程中，两组妇女的疼痛感当然有所提高，但是实验组妇女的疼痛程度增长更慢。在分娩的三小时中的每小时的测评中，相对于控制组，那些听音乐的妇女感受到的疼痛显然少一些，疼痛的增长速度也慢一些。

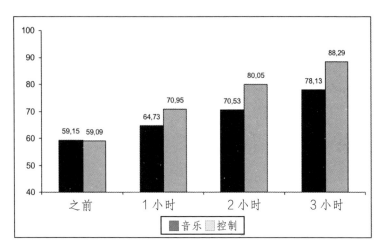

图 6.8　疼痛平均数值

在研究结束的时候，98% 的实验组妇女认为音乐帮到了她们：63% 的人觉得音乐帮助她们很大或者在一定程度上起到了作用，另一些人认为音乐只是起了一点作用而已。只有极少的人觉得受够了音乐（5%）或是随身听（15%）。

所有的研究均表明音乐不仅仅减少了疼痛感还减少了焦虑感和悲伤（Mitchell and McDonald）。听音乐似乎没什么成本，也没有危险，还能轻而易举减轻疼痛（McCaffery）。所以，别犹豫啦，当你觉得难受时，就听听你最爱的音乐吧！

为什么要让有些病人玩电脑游戏？

让病人在检查和治疗期间玩点游戏是给他们提供了一种正面娱乐的方式。这种游戏一般是在很痛苦的检查或治疗时进行的。原则是让病人注意力集中在一些积极的因素上，这些因素会转移其对痛苦治疗的注意力。游戏越是吸引人，疼痛减轻的效果就越好（McCaul and Malott）。一个很有说服力的例子就是在这种情况下的虚拟现实（Schneider et al.）。

在这个主题上面，诸多研究都关注了大面积烧伤。事实上，这种类型的伤口会产生非常剧烈的疼痛，而类吗啡（吗啡及其衍生药品）会缓解这一疼痛。在一些治疗（换绷带、清洗伤口等等）过程中，疼痛会让人难以忍受。一些研究者因此测试了电子游戏这种非药物疼痛抑制方式的效果，尤其是高度模拟现实的电子游戏。在一种浸入式的模拟环境下，戴着模拟真实世界声光的眼镜，病人完全沉浸在电子游戏中。因为对游戏全神贯注，病人会觉得没那么疼了。

众多研究因此指出这种浸入式虚拟环境会使病人减轻治疗中的痛苦。

在该主题最初的研究中，霍夫曼（Hoffman）和他的团队在 2000 年测量了两种电子游戏对疼痛程度的影响。实验包括两位重度烧伤病人，皮肤分别烧伤了 5% 和 33%，两人必须接受皮肤移植。医疗团队需要给他们换绷带，用创口夹清理伤口。在第一部分的治疗中，两位病人在任天堂 64 上玩电子游戏。在第二部分治疗中，他们玩了虚拟现实电子游戏。如果说结果显示两种游戏都有好处的话，虚拟现实游戏的效果其实更好：第二部分的治疗的痛苦程度明显比第一部分的治疗要小很多。虚拟现实游戏减少了 35% 到 50% 的疼痛。

这一团队在一些年后（Hoffmann et al.）对 11 位重度烧伤病人进行了研究。一半治疗是在没有任何娱乐的情况下进行的，另一半治疗是在患者玩虚拟现实游戏的情况下进行的。每一个人在进行了两阶段的治疗后，病人需要对疼痛进行 0-10 的测评。实验结果指出 11 位病人在虚拟现实治疗阶段时的痛苦减轻了。另外，其中 6 位在第一阶段治疗中觉得最为痛苦的病人，在第二阶段虚拟现实游戏中，他们的疼痛减少了 41%。

所有的研究均确认正面娱乐会减轻痛苦。病人越是沉浸在游戏中，感受到的痛苦就越轻。

最新解释认为痛苦的感受是一个重要的心理组成部分：它特别需要病人的注意力。然而，我们的注意力是有限的。因此，如果说病人可以沉浸在一个完全与医院不同的环境中，病人用于处理痛苦信号的精力就少了（Hoffmann et al.）。

这些不同的结果让一些人想研发一种为重度烧伤病人特制的虚拟现实电子游戏。这是一种被称为雪世界的游戏，病人完全沉浸在冰雪世界中，在其中他会遇到雪人、企鹅、毛茸茸的猛犸象和飞鱼，病人需要向这些目标投掷雪球。

而且这些电子游戏同样可以减轻病人的焦虑程度。

　　因此，于 2001 年 1 月，在雷恩教学医院创立的，由儿科医护人员组成的"小毛绒玩具"协会设置了意在减轻儿童术前焦虑，减少甚至免除术前麻醉的机构。在这种架构下，协会开发出了一种在平板上玩的互动游戏：英雄，就是你！这个游戏让孩子成为其住院过程中的演员。当孩子到达医院的时候，医院会给他一个平板。在选择好游戏角色后，孩子就开始他的治疗历程，这个游戏就是他治疗不同阶段的通关游戏。游戏的目的是让孩子成为治疗中的一个演员，以游戏的方式向他解释治疗的不同阶段，使医院这个大环境平和下来。当孩子在手术后醒来，医护人员会给他颁发奖状并送给他一个毛绒玩具。

　　电子游戏因此可以用作在痛苦或焦虑情形中的娱乐工具。它们在减轻痛苦和焦虑方面非常有效。

　　因此，当你要接受手术或做痛苦治疗的时候，不要犹豫带上你的游戏机来分会儿神……

为什么要给住院病人送花？

　　大多数人都认为一些自然空间，比如山丘、海洋或是森林，有着很大的治疗潜力，它们对病人的恢复帮助良多。这种环境会产生一种舒缓的效果（Kaplan, 1995）并让病人从精神疲劳中得以恢复。无数研究都关注了自然环境对身体的治疗效果。

关于这方面的最初研究是由罗伯特·尤尔瑞驰（Robert Ulrich）在 1984 年完成的，他对 46 名接受过胆囊切除手术的病人（30 位女性和 16 位男性）做了实验。所有病人都住在双人间里，唯一的区别是有些人从窗户里看到的是另一座建筑的墙壁，另一些人看到的是树林。病人即使在躺在床上的时候也可以看到窗外的事物。这项研究只在 5 月和 10 月进行，因为这时树木正是葱茏的时候。这些病人年纪从 20 岁到 69 岁不等，没有任何心理疾病，他们的手术也没有产生任何并发症。研究者收集了以下数据：住院的时间（以天数计算），每天服用的镇痛剂的数量和类型，轻微并发症（头痛、恶心）。另外，护士会负责记录对病人行为和健康状况的评价。这些评价被分为两个类型：正面评价（例如：活动良好、精神状态好……）和负面评价（例如：精神错乱、哭泣、需要鼓励……）。

实验结果显示那些房间朝向树林的病人的住院时间和负面评价（平均时间为 7.96 天，负面评价平均为 1.13）明显比面对墙壁的病人（平均时间为 8.7 天，负面评价平均为 3.96）要少。

与预期相同，研究者发现两组病人在手术后第一天服用的镇痛剂是相同的：他们实际上是设想病人可能还没从麻醉中苏醒，或者太痛以至于不会关注窗外的风景。相反的是，在之后的四天，两组病人的情况出现了显著差异：与窗外是墙壁的病人相比，窗外是树林的病人服用的强度或中度镇痛剂更少，而轻度镇痛剂更多（图6.9）。

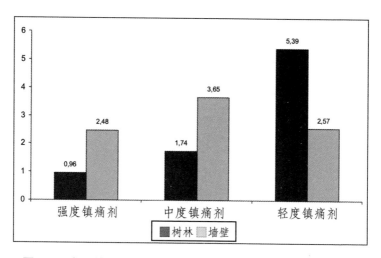

图6.9　术后第二天到第五天之间平均每天服用的镇痛剂数量

最后，相比与窗外是墙壁的病人，窗外有树林的病人的轻微并发症更少，但是这种差别并不明显。

能看到自然风景的房间似乎对病人的恢复有好处。但是，你们都清楚地知道不是所有的医院房间都朝向一片树林或公园！并且医院不是酒店，不可能（很难）去选择自己的房间。那么该怎么办呢？如果你必须住院，你可以带一盆绿色植物。事实上，一些研究表明这些植物会有相似的有益作用。

2009 年，帕克（Park）和马特森（Mattson）对 90 名（43 位男性和 47 位女性）平均年龄为 47 岁因为切除痔疮住院的病人进行了实验。在他们到达医院的时候，所有人都住进了标准间。但是护士在半数人的房间中放置了绿色植物。另一半人被称作控制组，房间保持原样。

结果表明，那些房间中有绿色植物的病人相对于控制组在手术后的几天感受到的疼痛和焦虑都更少。他们同样认为自己的房间更加干净、舒服、让人轻松、快乐、多彩、安静，总之比控制组对房间更加满意。当实验者向病人询问他们房间的主要优点是什么，那些有植物的病人回答的是植物（96%）、阳光（80%）、温度（67%）和电视（44%），控制组的病人认为是温度（88%）、电视（86%）、阳光（71%）和安静（22%）。

因此植物在医院房间的存在对病人的健康和恢复是有好处的。但是在一些情况下，因为卫生和细菌感染的风险，病房是不能摆放鲜花和绿色植物的。因此我们可以把它们替换为植物或花的图片：一些研究指出这些图片也会对病人健康有益。

1993 年，尤尔瑞驰（Ulrich）和其同事试图测试自然风景图片会在多大程度上影响心脏手术后住进重症监护室的 166 位病人的健康。这些病人被分为了六组：

在前两个实验组中，病人的床边放置了自然风景的照片，组 1 的照片主要是水，组 2 主要是树；

在另两个实验组中，病房里有一幅抽象油画（组3和组4）；

组5和组6是控制组，也就是说他们既没有风景照也没有抽象画。

实验结果表明病人因为自然风景照片受益良多，准确来说是有水的那张风景照片，他们的术后焦虑明显更少，并且服用的强度镇痛剂也更少。

如果你要去看望一位住院病人，你最好给他带一些花。这肯定是善意的表示，但现在你知道了，花对他的健康和恢复其实也是有好处的。

让病人等待是合理的吗？

我们中的大多数人都有看医生和做检查的经历，不管这是在小诊所还是在大医院里。但是我们所有人都得耐心对待我们的痛楚，因为可能要无休止地等待。然而这种等待时间可能会对病人产生有害影响。

2015年，图（Thu）及其同事想了解检查前的等待时间是否会增加病人的焦虑感。因此，他们对等待做核磁共振检查的

192 名病人分两次进行了问询。第一次是在登记做检查的时候，第二次是轮到他们做检查的时候，病人需要分别填写一张测评其焦虑程度的调查问卷。结果显示对于那些来医院就已经感到焦虑的病人来说，等待时间越长，焦虑程度越高。相反的是，对于那些来医院时就没觉得焦虑的人来说，焦虑程度没有任何变化。检查前的等待时间似乎会加重病人的焦虑。

当我们检查完后，同样会担心检查的结果。这个等待的时间也会加重这种担忧和焦虑。

然而，一些研究尝试去寻找那些可以减少这种焦虑的因素。我们发现很多研究都在关注等候室的布置和设计，尤其是想引入一些正面的消遣让人不那么担忧。

2012 年，波克博姆（Beukeboom）和其同事在 2012 年进行了一项研究，目的在于了解等候室中自然因素的存在是否会减轻病人的压力。这项研究涉及年龄从 14 岁到 88 岁（平均年龄为 53 岁）的 457 名等候做 X 光的病人。他们被分成了三组：

第一组包括那些在传统等候室等待的病人，这种等候室没有任何装饰，这一组成为研究的控制组；

第二组病人的等候室中有研究者事先布置的绿色植物；

第三组病人等候室的墙壁被研究者挂了一些植物海报

（90cm×60cm）。

当病人来到医院时、在等候室等候时和最终在秘书处登记时，研究者都会给他们分发一张调查问卷。

结果表明第二组和第三组病人的压力等级比第一组的要低。另外，两个被装饰过的等候室被病人认为更具有吸引力。

在医院里，病人等候时间最长的部门是急诊部！因为急诊的原则是病人可以在紧急的时候来到医院，不需要提前预约，于是他们要等待很长的时间。

从这个观察出发，2013 年，沙里卡（Shalikh）和一组研究者关注了在急诊等待的病人。事实上，病人并不知道自己需要等待多长时间，结果就是有些人在看病前就走了。一个解决方法就是通过一个名为 time-tracker 的时间跟踪系统来告知病人大致的等候时间，如同某些电话商业服务模式中的时间跟踪系统，他们会告诉你等候咨询的大概时间。为此，研究者询问了在急诊室等待的 340 名病人：这些人需要指明他们是否倾向在等候室安装时间跟踪系统。结果显示 63% 的人希望能知晓大致的等待时间，而只有 21% 的人表示不需要，16% 的人不置可否。另外，这种设置时间指示系统的倾向与病人的年龄、性别和在问询前等候的时间无关。

当你需要等候诊断或是检查时，你会落座于一个等候室内。不是所有的等候室都是一样的：我们可以找到各种各样的等候室，从最基础风格，也就是诊疗室和检查室门外的走廊的几把椅子，到酷似沙龙的豪华等候室。但病人是怎样想的呢？他们最欣赏哪种等候室呢？

2010 年，库萨克（Cusack）及其同事关注了那些接受过肾移植后来到透析中心的病人。该中心两年前被翻修过，在翻修的过程中，等候室得到了特别的关照，目的就是为病人创造一个怡人的空间。这项研究意在了解对于病人来说，等候室的哪些元素是重要的或者无关紧要的。为了达到这一目的，研究者要求病人填写一份调查问卷，问卷中显示了等候室中可能存在的七种元素。对于每一种元素，病人需要用 1（完全不重要）到 5（非常重要）这些数字对其打分，来表明元素的重要程度。问卷结果在第一时间表明提及的所有元素对于病人来说都是重要的，最低平均分为 2.9（最高值为 5）。如下为七种提及的元素，以其重要性对其进行排列：

舒适的座椅（平均值为 4.4）

杂志（平均值为 3.6）

电视（平均值为 3.6）

墙上的画作（平均值为 3.4）

窗外的视野（平均值为 3.1）

能够上网的电脑（平均值为 3）

一盆植物（平均值为 2.9）

在画作方面，大多数病人（80%）更喜欢自然风景或者动物类。极少数人希望是抽象画或是肖像画。

这似乎表明等候室对病人的健康状态，特别是对其压力和焦虑程度有影响。然而通过布置等候室，病人的这些不适感是可以被控制在一定范围内的。

就像在家里一样吃饭……

在团体里生活，不管是短暂在康复中心生活，还是长期在敬老院生活，这都意味着人要去适应团体的运转和节奏，而这与我们居家日常生活中所熟知的事物是大相径庭的。在这一层面，吃饭的时间是尤其重要的。事实上，我们在家里一个人吃饭，或是与家人和朋友一起吃饭，这种感觉与在医疗中心吃饭的感觉是完全不一样的。在医疗中心，我们通常要跟很多人一起在食堂吃饭，没有什么菜谱可选择，周围都是陌生人。这种吃饭空间大多数情况下都是一种"食堂式"的风格，也就是说是一个大饭堂而不是一些小餐厅。

越来越多的研究关注了这样的布置对居住者健康的影响。

尼基斯（Nijis）和其他研究者在 2006 年关注了敬老院中的就餐时间。他们希望了解在家庭气氛而不是在团体气氛下吃饭是否会影响居住者的生活质量和健康。为了达到这个目的，他们对居住在中等大小敬老院中的 178 名病人进行了研究，中等大小敬老院的意思是指有 175 至 275 张床位的敬老院。要说明的一点是这些人都没有老年痴呆症。他们的研究包括在六个月内比较两组居住者：第一组包括 83 人，他们的就餐以常规方式、在一种团体机构式的气氛下进行，这一组成为控制组；第二组包括 95 人，这些人的就餐方式是不同的，以使他们能在一种更加家庭化的氛围中吃饭。两组就餐方式的具体细节显示在表6.1 中。

表 6.1　对就餐过程中家庭气氛和团体机构气氛的描述

	家庭气氛	团体机构气氛
餐桌	餐桌上置有桌布；玻璃杯；餐巾；花束	餐桌上没有桌布；塑料大口杯；分三个格子的盘子；围嘴

食物	食物由餐盘盛放；两种菜单供选择；没有三明治	食物盛放于分格的餐盘中；菜单在 15 天前已选好；有三明治
医护人员	医护人员入座并与居住者交谈；每个桌子至少有一位医护人员；药品在用餐前发放；用餐期间人员不会更换	医护人员并不入座；两人发放餐盘，一人发放药品，另一人帮助那些想待在房间的病人；当其认为没有人再需要帮助的时候，医护人员会离席自行就餐
居住者	居住者自行决定上菜时间；大多数人自己吃饭，但是如果需要的时候会被帮助；有集体冥想的时间	如果饭不好吃是不能换菜的；上菜的时候就是开始吃饭的时候，每个人可以各自进行冥想
就餐	就餐期间没有其他活动，餐厅不向访客开放	吃饭时可能有其他活动；访客可以在餐厅来回走动，因此打扰了居住者

　　实验结果首先表明那些在家庭气氛中就餐居住者的生活质量相对于团体机构气氛就餐的人更高。然而，如果我们在 6 个月的时间内对其生活质量分值进行比较，我们发现家庭气氛组的数据相对稳定，但是团体机构气氛组的数据会降低。对于居住者的体重和身体状况，结果相同。

　　我们因此可以得出结论：在如家般的气氛下就餐会限制生活质量和健康状况的下滑。

　　这项研究的对象没有任何老年痴呆的病症。但是其他研究却证实了患有老年痴呆症的人也有相似的结果，家庭式的气氛可以延缓病人身体和认知机能的衰退，且同样限制了病人的烦躁不安和攻击性行为。

因此，在2015年胡（Hung）和其他研究者对长期医疗中心进行了关注，确切地说是对两个单元的关注：一个单元包含为老年痴呆患者设置的24张床位，另一个单元包含为普通病人设置的23张床位。他们的目标是测量对这两个单元餐厅的翻修会在多大程度上对居住者产生影响。这些翻修工作让每个单元的餐厅具备了一间开放厨房和一个为居住者设置的小厨房。家具也被置换了，目的在于创造一个没有那么团体机构化，更加家庭化的环境。通过与病人交谈并对其关注，研究者发现了一些与翻修有关的好处，这对于老年痴呆者和普通病人都是一样的。

医护人员发现在翻修之后，病人的自主程度和独立程度都得到了提升：这些人在日常的一些活动中更加自主了。因为对空间的重新布置，病人的舒适感和熟悉感都会得到提升。医护人员观察发现病人待在餐厅的时间更长了，更频繁地去那喝杯咖啡或茶。结果表明翻修后，病人吃得更多了。最后，医护人员强调病人与其的关系也得到了改善。

无数研究关注了对长期医疗中心餐厅改造的影响，这些研究以不同方式指出了对这些空间的布置会对病人的治疗起到积极的效果，尤其是减少了其行为的混乱，改善了他们的进食状况。因此餐厅的物理环境应该是医疗中心设计时要考虑的重要因素。

通过对 22 项研究中问题的梳理，硕度里（Chaudhury）、胡（Hung）和巴吉尔（Badger）三位研究者于 2013 年提出了 7 个在餐厅设计中要考虑的因素，因为它们会对治疗产生积极作用：

空间的布置需要能承受病人的感官能力。比如说，选择的照明需要恰当、统一和温和；

空间布置需要让病人更容易辨明方向，这样可以让他们更轻松地找到餐厅；

餐厅需要释放出一种家庭的气氛，使餐厅更有家的感觉；

餐厅的设计需要尽最大可能保证病人的安全，设计师需要知道餐厅必须适用于那些不能自主行动的人（轮椅、步行器、拐杖）；

优先设计那些就餐的小空间，以优化感官刺激程度，尤其是要减少噪音，而大食堂中的噪音通常是很大的；

餐厅的布置需要提升私密感和控制度，尤其是要通过创立小的而不是大的就餐空间来达到这一目的。事实上，老年痴呆患者通常在大食堂中迷路，他们更希望能在小团体中吃饭。

就像我们刚刚看到的那样，医疗中心餐厅必须被构想成对治疗的一种支撑，以改善病人的健康状况和生活质量，或者尽可能限制它们的恶化。在对这些空间的设计和翻修中，对这些元素的考虑似乎是重要的。

这些方面对于老年痴呆患者尤其重要。事实上，这是一种无法治愈，不可逆转的疾病，考虑到这些因素的环境可以减缓这种疾病的恶化。

如何在医院不再迷路？

当我们在找诊疗室和病房时，谁没有在医院迷过路呢？这种情况普遍而频繁。然而，我们知道一个让病人和访客不容易辨明方向的地方会增加他们的压力感。

因此怎样改善这些方面呢？怎样做才能让人更容易在这种机构中找到路呢？

环境心理学中的不同研究都尝试了探索改善认路的方法，也就是我们辨明方向和找到地方的方法。其中有些对医院设计尤为重要。

因此，2008 年，尤尔瑞驰（Ulrich）及其同事统计了十八项关于在医院中找路的研究。他们得出一个结论，无效的找路会增加人的压力。然而，他们并没有明确产生这种压力的确切因素。

这些研究更注重于辨明哪些是使辨明方向更容易或更困难的因素。他们发现大多数时间，不适合的指示牌或者设计过于复杂的建筑会阻碍人有效辨明方向，在复杂的建筑中，即使清楚的指示牌对于找路也无济于事。

如何设计一个有效的空间导示系统呢？这一领域的研究让人可以得出一些在地点设计中需要考虑的因素。

有效的空间导示系统会使使用者头脑中出现一张地图，让他们找到正确的方向。这个系统需要对所有人都是清晰和可以理解的。这样的一个系统意味着一种协调的方式，它既考虑了信号要可视且易懂（标有号码、图像或是图画文字），方向表示要清晰，地图要明确和易读，建筑设计要严密和清楚（Carpman and Grant, 1993）。

事实上，一些研究（O'Neill,1991）表明了楼房的建构和地图越是复杂，人们越是难确定方位和找到方向：他们会犯更多的错，走更多的弯路，更多地停下来以辨明方向。

　　于是我们应该避免过于复杂的建筑设计，优先那些简单清楚让人可以更轻松认路的结构。事实上，在楼房建筑设计之初，人们就应该考虑一个有效的空间导示系统：建筑方案应该按照有逻辑且清晰的结构来进行设计（Passini,1996）。

　　研究者也建议要清晰划分各个区域（公共空间、等候空间、治疗区域、病房区域……），以让使用者能容易地辨明他们从一个区域到另一个区域的时刻。可以通过改变气氛（墙、地板、天花板的颜色……）或是使用一些装饰元素做标记来实现这一目的。

在这种结构中，设计出一种清晰且易读的信号是重中之重。

这个目的可以通过在不同的战略地点设置总体地图来实现，该地图也可以放置在机构的网站上，让使用者来之前就可以查阅。在楼房内部，我们可以设计一些带有指示箭头"您在此"的地图，让人方便查阅。这种地图最好也能标出我们正对着的方向。1984 年，勒温（Levine）及其同事指出如果不这样做，使用者会花更多的时间来找路。也可以在其中设立一些方向互动界标，法国的一些医院已经这样做了。

如果附近 45-75 米内都没有标记的话（Carpmanet al., 1984），在每个区域的主要交界地点最好也设置直接的信号。

最后，最好优先使用词组或者简单的图像文字来指明楼栋和服务。

2011 年，鲁塞克（Rousek）和哈尔贝克（Hallbeck）测算了个人对医院使用的不同图像文字的理解。他们得出结论，最好使用简单易辨的图像文字，让指示标人人可懂、可读。比如说，他们的研究结果显示形象的图像文字比抽象的图像文字要好理解得多。

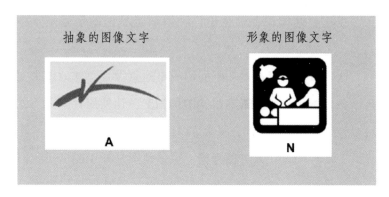

抽象的图像文字　　　　　　　形象的图像文字

图 6.10　两家不同医院用来指示外科的图像文字（extract from Rousek and Hallbeck，2011）

因此，通过询问两所医院的病人所看到的图像文字（图6.10），研究人员发现没有人明白那幅指示外科的抽象图像文字，但是大部分人（94%）却成功理解了形象的图像文字。

就像我们刚刚看到的一样，我们可以优化病人和访客在医院找路的方式。许许多多的实用布置都可以改善在这类复杂结构中的找路方式（wayfinding）。有兴趣的读者可以在网上搜寻胡艾拉（Huelat）2008年的报告和帕西尼（Passini）1996年的文章，以从中找到具体的建议。

环境的心理考量

在这本书中，我们探讨了一个鲜为人知且被人忽略的话题。我们往往会觉得空间仅仅与建筑师和规划师相关。实际上，对于心理学来说，这是我们生活中的一个要素。

我们已经尝试去指出，对人与空间关系的分析和对空间心理角色的考量会帮助我们理解人类的行为。

通过展现这些不同的主题和应用领域，我们想让每个人都去了解空间这种"隐藏的维度"（Hall），它介入了我们最日常的行为之中。在一定程度上，我们的生活方式通过我们在交流、走动或者居家中对空间的使用而呈现出来。

对空间的关注，是一种在崭新而不同的角度下理解我们行为的方式，这仅仅是因为空间对我们的生活方式来说不是陌生人也不是局外人。这种方式给了我们一把阅读的钥匙，以理解我们的个体心理和群体心理。我们与空间的关系也阐释了我们的自身。

我们常常认为在生活中的不同情形下（住所、工作地点、医院、学校）的空间和布置只是一种纯功能性的材料。然而，实际上，我们发现建筑师设计空间的方式决定了我们的生活方式，影响了我们的行为。同时，我们会对自己的空间施加影响，以让空间适应自身的要求，使空间符合自我的期待和自我形象。通过布置某种家具或者设施，使用某种装饰和颜色，我们占据了这个地方，在这里有了家的感觉。

这种空间的心理概念并不仅仅对理论上的分析和理解有用，它也有一个实际的功能：要考虑布置的一些心理特点，而不仅仅只考虑布置的功能特点来测算居住者和使用者感受到的空间质量。尤其是在对布置进行改动的过程中或者是在新的项目中，人们需要去整合空间的心理维度。

如今我们知道需要为一些像老年痴呆症患者构建新的居所。在这一主题中，我们已经看到了老年痴呆症患者显现了一些与空间关系相关联的认知缺陷。设计者和规划者应该考虑到这些空间认知混乱以在建筑上使这些人的生活质量得到改善。空间与其心理维度的统一会使居住者在各方面的生活质量得到提高。

综上所述，在诸多领域之中，对空间进行心理层面上的考量并不是一件无关紧要的事情。

拓展阅读

1. 引言

2. 动物如何在一块领地里生活？

领地行为

3. 为什么遛狗时狗会沿着路灯撒尿？

领地控制

4. 为什么我们不能靠近小鹿？

正确使用距离

5. 别踏入我的地盘

领地防御

6. 一个空间里的动物是平等的吗？

领地控制

7. 为何闯入者会被看作攻击者？

入侵和攻击行为

8. 动物的居住危机

领地拥挤和健康

9. 人是普通的动物吗？

人类领地

10. 我们如何标记自己的领地？

标记行为

11. 我们如何占领自己的空间？

占有空间

12. 为什么人人都需要自己的空间？

个人空间

13. 为什么你只对你朋友做贴面礼而不会对老板做？

人际距离和个人空间

14. 物以类聚，人以群分

人际距离的决定性因素

15. 打住！你靠得太近了！

个人空间中的入侵

16. 为什么暴力囚犯要与别人保持更大的距离？

人际距离和攻击性

17. 画出你的城市

精神地图和空间呈现

18. 你的大脑里有 GPS 吗？

空间导向

19. 我在哪儿？我要去哪儿？

空间迷失

20. 什么是住宅？

心理上的住宅

21. 住宅就是家？

建立一个家

22. 为什么汽车就是我的"家"？

住所外的另一个家

23. "今晚我睡沙发"：家，甜蜜的家

夫妻冲突和领地

24. 为什么我们不愿意换一个街区住？

对一个地方的依恋

25. 为什么要避免一个房间住太多人？

居住密度，拥挤感和健康

26. 没有固定居所该如何生活？

住所缺失

27. 住在因纽特人的雪屋里还是住在非洲丛林中？

住房的人类学解读

28. 老人想去敬老院吗？

进入敬老院

29. 在敬老院会有家的感觉吗？

敬老院的家

30. 建造与在别处重建

失去房屋和再度安置

31. 个人办公室、开放空间、灵活办公室……

办公室的不同布置类型

32. 从个人办公室到开放空间

改变布置，满意度和工作表现

33. 请安静点

噪音对工作表现的影响

34. 为什么你要在办公桌上摆上孩子的照片？

占有工作空间并将其个人化

35. 活动会受空间布局影响吗？

布置空间和工作活动

36. 你为什么在公园里小憩？

绿地指数可以减轻压力

37. 为什么要让你的员工午睡？

短暂午休对工作的有利影响

38. 医疗中心的设计是否会影响病人的健康？

有利于康复的环境

39. 病人对住院生活满意吗？

满意度和住院

40. 别忘了带上防噪音耳塞

医院环境中的噪音对健康的影响

41. 我想要一间朝南的房间，谢谢

自然光照对健康的影响

42. 音乐放松心情，舒缓疼痛

音乐对痛感的影响

43. 为什么要让有些病人玩电脑游戏？

治疗中游戏的作用

44. 为什么要给住院病人送花？

自然空间对康复的作用

45. 让病人等待是合理的吗？

等候室的布置

46. 就像在家里一样吃饭……

餐厅的布置

47. 如何在医院不再迷路？

有效的空间导示系统

图书在版编目（CIP）数据

你的生活环境，决定你的性格 / (法) 维吉尼·多得勒，(法) 古斯塔夫-尼古拉斯·菲舍尔著；文晓荷译. -- 南京：江苏凤凰文艺出版社，2018.8
书名原文：Mon bureau, ma maison et moi
ISBN 978-7-5594-2680-2

Ⅰ. ①你… Ⅱ. ①维… ②古… ③文… Ⅲ. ①环境心理学 Ⅳ. ①B845.6

中国版本图书馆CIP数据核字（2018）第174915号

书　　名	你的生活环境，决定你的性格
著　　者	（法）维吉尼·多得勒（Virginie Dodeler） （法）古斯塔夫-尼古拉斯·菲舍尔（Gustave-Nicolas Fischer）
译　　者	文晓荷
责任编辑	邹晓燕　黄孝阳
出版发行	江苏凤凰文艺出版社
出版社地址	南京市中央路 165 号，邮编：210009
出版社网址	http://www.jswenyi.com
发　　行	北京时代华语国际传媒股份有限公司　010-83670231
印　　刷	北京中科印刷有限公司
开　　本	880×1230 毫米　1/32
印　　张	7
字　　数	130 千字
版　　次	2018 年 8 月第 1 版　2018 年 8 月第 1 次印刷
标准书号	ISBN 978-7-5594-2680-2
定　　价	42.00 元